生态的城市与建筑

Ecological Urban and Architecture

荆其敏　张丽安　编著

国家自然科学基金
德　国　DFG　基　金　合作研究项目

中国建筑工业出版社

图书在版编目（CIP）数据

生态的城市与建筑/荆其敏，张丽安编著．—北京：中国建筑工业出版社，2005
ISBN 7－112－07137－2

Ⅰ．生…　Ⅱ．①荆…②张…　Ⅲ．城市环境：生态环境—研究　Ⅳ．X21

中国版本图书馆 CIP 数据核字（2005）第 009042 号

生态的城市与建筑

Ecological Urban and Architecture

荆其敏　张丽安　编著

*

中国建筑工业出版社出版、发行（北京西郊百万庄）

新　华　书　店　经　销

北京同文印刷有限责任公司印刷

*

开本：850×1168 毫米　1/32　印张：6⅝　字数：200 千字

2005 年 5 月第一版　2006 年 5 月第二次印刷

印数：3001－4500 册　定价：**20.00** 元

ISBN 7－112－07137－2

TU・6367（13091）

（邮政编码　100037）

本社网址：http://www.china-abp.com.cn

网上书店：http://www.china-building.com.cn

本书是作者与德国埃森大学贝尔教授在我国国家科学基金和德国 DFG 基金的支持下，联合研究的成果。书中对城市和建筑的生态问题进行了深入的探讨，并作了详尽的阐述。这些新的生态理念，对于我国的建筑师和城市规划师很有启迪意义。

本书主要供建筑师、城市规划师以及景观设计师阅读。

*　*　*

责任编辑：曲士蕴
责任设计：崔兰萍
责任校对：刘　梅　张　虹

前 言

一位我敬仰的学者说："回到自己的真实生活才是本"。现今的城市与建筑存在着脱离生活的某种混乱，许多设计师流行追求形式的时尚，"生态可持续发展"也成了当今追求形式的流行语汇。生态城市，生态小区，生态建筑，一言一敝之，从学术界、艺术界，到房地产市场……，凡冠以"生态"的均可成为摩登新潮。城市与建筑是内心的认知，思想、信念是最具体、最整体的呈现。要把生态可持续发展变为人类生活的需要，回到人类自己的真实生活中，把身心融入自然，返璞归真。我们不要因为浮躁而迷乱了自己的心神，现实的"生态城市与建筑"的理想需要树立正确的生态观。历史生态的观点是每个城市有各自的传统特色和文脉，应受到尊重和保护，并得到充分地体现。整体生态的观点认为城市是一个复杂的人工生态系统。共生生态观点认为人与自然、建筑与环境共生兼容。环境生态的观点重视环境因素，突出生态特色。场所生态特点认为城市空间、广场、绿地、建筑都不应是无意义的空间。人本的观点认为城市与建筑的主体是人，设计要体现人的需求。生态可持续发展的观点认为今后的发展应留有余地。新颖的生态观点认为新陈代谢是生态系统的本质特征。生态结构的观点认为构成城市与建筑的结构要素要充分发挥其生态功能。绿色的观点认为绿化是重要的生态因素。对生态认识的多样的观点认为生态学的多样性，包括物种多样性、宏观功能多样性、人类活动场所的多样性。高生态即高科技。

本书内容是作者与德国埃森大学贝尔教授（Prof Baier）在国家自然科学基金和德国 DFG 基金的支持下联合研究的成果之

一。作者2000年在埃森大学生态结构实验室工作数月，对生态观念有新的认识。生物学是自然科学中的一种，建筑学具有综合性和规划性的特点，是对未来的设计。生物学与建筑学的关系需要认真地清理和分析，这是当前现实与实践所急需的，建筑的生态环境问题比以前任何时候都更为急迫。事实上，环境问题是生物学中的重要问题。西方的摩登运动时代，建筑师最大的失误是对生物学的无知与困惑。生态学是研究生命有机体和其环境之间相互关系的科学。生态建筑学是生态学（包括社会生态学，城市生态学，生态建筑学）与建筑学交叉渗透的产物。有机建筑学的新概念——“皮与骨建筑”，是建立在仿生基础上的生态建筑学，是发展生态的轻型结构技术；建筑师在建筑设计中解决能源问题；建立可持续发展的生态建筑观等方面均有重要意义。

在全球的生态可持续发展进程中，建筑师和规划师的角色和职责十分重要，要劝说决策者和开发商们，在保护生态方面作出正确的抉择。建筑师、规划师在改善环境方面如何把城市与建筑融入自然之中，能够作出应有的贡献。

荆其敏　2004年8月

目 录

第一章　可持续发展的城市规划

Ecologically Sustainable Urban Development

1. 人 和 生 物 圈

Man and Biosphere

1.1　两代人两个世界

Two Generations, Two World

在全球的生态可持续发展进程中，建筑师和规划师的职责和角色十分重要。他们要劝说决策者和开发商们在保护生态环境方面作出正确的抉择，让人们清醒地认识到生态环境发展的程序。在面对未来和改善环境方面，规划师能够作出应有的贡献，特别是在城市的地域发展规划方面，作出城市规划如何融入大自然之中的决策。人类的进步改变着世界，同时也带来了众多与大自然交融中的复杂问题。以下环顾当今两代人的经历，如同身处两个世界。

一位 70 岁的老人（2000 年）当他 10 岁时的情况是：

- 世界人口为 20 亿，其中约 62% 生活在发展中国家。
- 居住在城镇中的人口不大于 20%。
- 平均寿命 35 岁。
- 世界 15 岁以上的人口有一半是文盲。
- 大片热带雨林仍然存在。
- 世界范围的平均能耗大约每天 18kW/h。
- 用手工进行计算。

• 信息传递很慢，主要靠个人之间区域性的接触。

• 国际社会的 67 个国家，其中 36 个被称为第三世界。

另一位 10 岁的女孩，当她 70 岁时将是 2060 年，那时世界的情况是：

• 世界人口将达 90 亿，其中 82% 生活在发展中国家。

• 住进大城市的人口大于 70%。

• 那时的工业化城市中平均寿命可达 72 岁。

• 世界范围有 29% 的文盲，其中 45% 在发展中国家，并将持续减少。

• 大多数的热带雨林国家的自然森林正在被划分为小块，并进而变成场地。

• 平均能耗高达每天 116kW/h，现今的水平是每天 46.5kW/h。

• 计算机进入日常生活。

• 信息传递将在个人生活中全面应用。

• 世界上将达到 200 个国家，联合国包含 155 个国家，其中 3/4 的国家在第三世界地区。

1.2 走向城市化

Towards an Urbanized World

按照现在的趋势发展，不久的将来，将有占 60 亿世界人口中的 50% 人口城市化，不发达地区 40% 的人口约有 20 亿将住进城市，千百万的人民将在工业化的城市中生活。最近将有超过 500 万人口的大城市约 60 个，在不发达地区会有 8 ~ 10 个特大城市，不论世界的人口发展如何，城市化社会必然逐年增长。

在世界范围内城市人口数量的变化，各个国家对城市人口的限定有不同的方法，预计在 21 世纪 10 个最大的城市中将有 8 个出现在发展中国家（图 1 – 1a）。世界居前 10 位城市的人口数，见表 1 – 1。

世界前10位城市人口数 **表1－1**

1920年（千人）		1960年（千人）		2000年（千人）	
1. 纽约	5620	1. 纽约	14164	1. 墨西哥城	31616
2. 伦敦	4483	2. 伦敦	10772	2. 东京	26128
3. 巴黎	2906	3. 东京	10686	3. 圣保罗	26045
4. 芝加哥	2702	4. 莱因—鲁尔	8736	4. 纽约	22212
5. 东京	2173	5. 上海	7432	5. 加尔各答	19663
6. 柏林	1903	6. 巴黎	7420	6. 里约热内卢	19383
7. 维也纳	1841	7. 布宜诺斯艾利斯	6700	7. 上海	19155
8. 费城	1824	8. 洛杉矶	6530	8. 孟买	19065
9. 布宜诺斯艾利斯	1577	9. 莫斯科	6285	9. 北京	19064
10. 汉城	1320	10. 芝加哥	5977	10. 汉城	18711

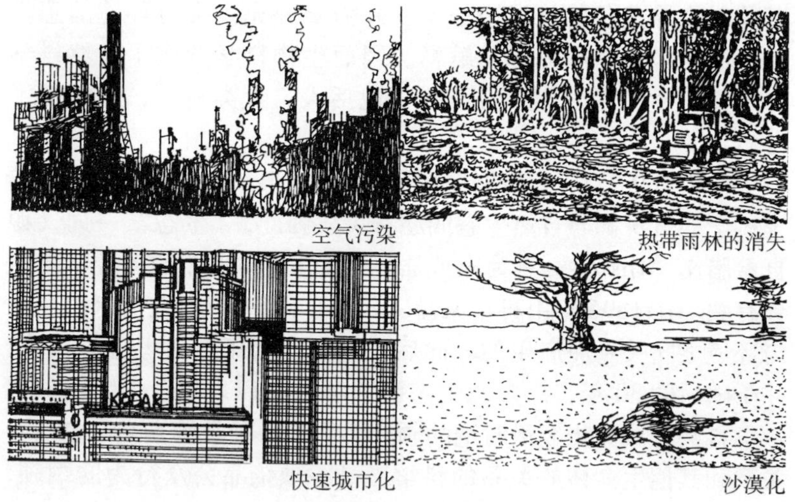

图1－1a 环境恶化

1.3 生态学的进化
Ecology in Evolution

生态学的进化可分为五个阶段：

• 自然生态——研究自然生命的单一的片断和其环境的条件。

• 同步生态——研究有机体的混合集合体，其基本概念是食物链和数量金字塔。

• 生态体系——植物、动物的物理环境在特殊地域中的总量，例如森林或湖泊。1950 年生态体系被指认为生态学研究最适宜的单位。

• 生物圈——研究生物生活的范围，俄国科学家威那斯基（Vernadsky）1926 年发表了《生物圈》一书。但在 1970 年才被生态学家们给予充分的注意，对生态体系，注重自然与人类之间的区分与交融而形成对生物圈的研究。

• 人与生物圈—— 近年来对于人在生物圈中的进化作用，以及对主导角色的认识增强了，并需要补充人类对环境的感觉和生活质量等这种无形的解释。因而生物科学变成了自然科学与人文科学两者之和，自然科学包括人、人类科学，也包括了自然。

什么是生态？科学的解释是：生态有很长的历史，众多的传统科学的自身都与自然生态问题有关。因此，“生态”一词（源自希腊文“Oikos”，意为家或居住之意），与现今的多种学科组合有关。在 1896 年由科学家赫克尔（Haeckel）研究的有机主义与环境之间关系而产生的。此后，对生态的概念认识进步很快，并于随后的 30 年，众多的生态研究项目得以发展，“生态”这一学科甚至成为当今最时髦的领域。它是一种掌管人类与自然界关系和其他生命体的关系的科学，是一项依靠公众行为的纲领，是研究人与自然的热门科学，图 1 - 1b。

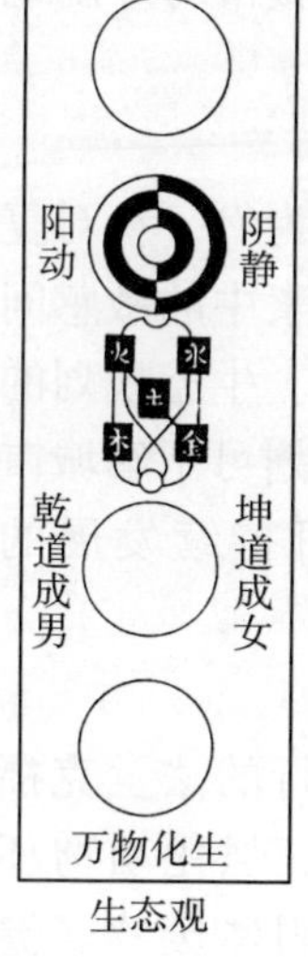

生态观

人和生物圈

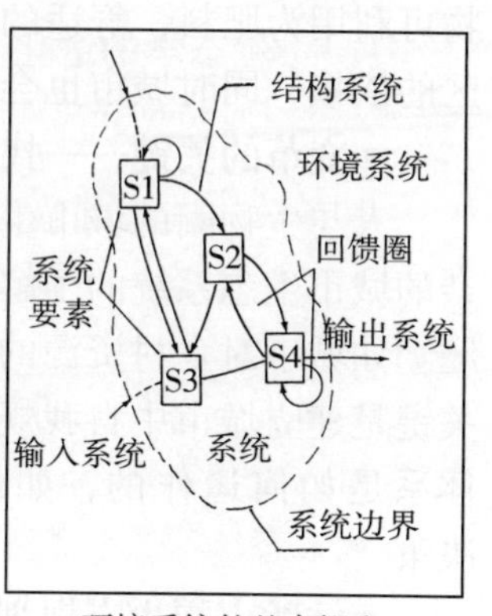

环境系统的基本概念

图 1－1b　人和生物圈

1.4　城市深远的根

The Far-Reaching Roots of The City

随着大城市的快速增长，城市中的食物、水、建筑材料以及其他资源等必须从外界获取，城市大量的需求均取自对周边地区土地经常性的付出。但这种需求往往是不能如愿的，更好地了解城市与它们周围的地区之间的关系，才能有效地管理城乡体系整体的可持续发展，并影响人类自身未来的生活质量。

• 城市所为

当今的城市并非具有生物含义的产物，而是要从外部寻找它们的需求、能源和材料。它们排放巨大的压力给周边的土地和水，它们消耗着生态产物和排放着污水污物。但城市又是人类有机的生活文化中心地、医疗服务、工业产品、研究、信息、管理……，这样才能保证城市在世界上的存在与发展。

• 城市所能

城市能制造更多更好的产品，城市中有花园、果树……。废

物可利用为肥料，舒适的空间和清洁的空气能减少城市对外围地区的依赖，同时城市也会变得更健康和更吸引人。

• 变革的关键——找寻城市生态的敏感性问题

人与生物圈的城市生态规划以德国的法兰克福为例，从对复杂的城市生态系统的了解入手，展示在城市构成要素中的敏感问题。如城市对乡村资源的综合需求是敏感性的问题。生态规划的关键是建立城市中自我规范的体系和行动，生态规划可了解城市体系是如何运作的，如何运作得更好，有助于可持续发展的决策。

• 法兰克福生态规划模式中的要素

在联合国教科文 MAB（人和生物圈）机构进行的法兰克福生态规划中，气候、公众见解、法制、社会结构、强化动物环境、耕作、土壤、文化多样化、电厂、地面水、固体废物、健康、空中交通、CO_2、SO_2、NO_2、地域重建、地域结构、水、密集区、工业、酒精中毒事件、药品癖好、强化程度、汽车交通等等都是城市生态环境的敏感性问题。

1.5 能——城市的饥渴

Energy—The Voracious City

能的使用情况可以说是了解城市社会演变的一把钥匙，今日之城市浪费大量的能量，当前能源大多来自石油燃料，而且随着城市的发展对石油的需求日益增长。

• 地区性能源的贡献

人类的各种活动都需要能源，城市生态规划最好的方法是研究自然或城市生态体系中的能流轨迹。这是地区性生态体系的真实情况，由此人们会发现，城市对能量的需求多么迫切。这种现实情况，使人们认识到能源的需求是世代相继的，也是超时限的。城市的生长与演变依赖能源的连续供应，经常性的大量的需求是石油燃料。一项能流地域研究的实例是瑞典的哥得兰（Gotland）岛，是 MAB 规划设计的项目之一。1972 年的结构模式分

析说明，城市以及工业因素使用燃油的多种体系情况，说明城市的存在取决于大量的石油燃料。地区性能源规划的目标之一是设计完善的城市生态可持续发展体系，减少城市对石油及其他燃料的依靠。

• 超时的能流使用

人类本身的能流利用，只是流过他们身体以及从食物中提取的“躯体的能”。人类自从使用火就开始依赖“躯体之外的能”，人类需求体外的能，使得今日工业的发展与城市化的萌发，对能的使用大于100，是纪元前农耕开始时期的9000倍。从香港对能流研究实例中可以看到，在一个地区性贸易中心转化为一个工业和商业城市过程中，能的消耗戏剧性地增长。这种增长首要的不是由于人口的增长，而是对能的消耗容量的增长，从而使生活体系及产品特征发生了变化。虽然从1959年到1974年人口增长低于2成，而能的消耗增长比4成还多，图1－1c。

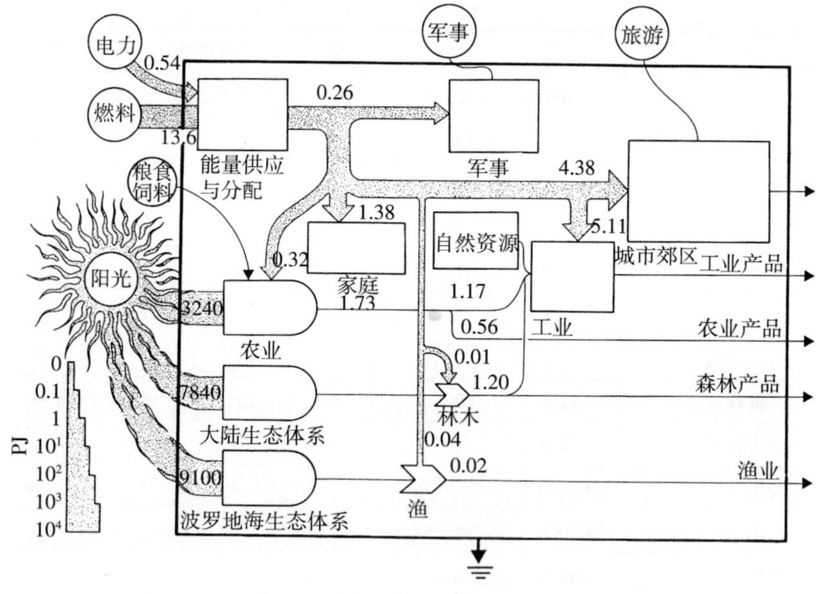

图1－1c　瑞典Gotland能流系统分析图解

1.6 城市：人类的生态体系

The City：So Human an Ecosystem

城市是个真正的生态体系，具有可计量的能流、材料和信息流，但它们都统一于人口构成之中。作为城市社会的生态体系，有别于自然生态体系，对城市体系的了解也需要研究人类经验中那些无形的方面，如感觉、情感和价值。

• **高消费**

就像自然生态系统一样，城市生态系统包括物理的和生物的构成，与其他体系相互作用。城市生态体系的研究是对多种构成之间能流、材料、信息流的分析。例如香港 1971 年，每天材料的输入和输出如表1－2 所示。

香港 1971 年材料输出输入表 单位：t/d **表 1－2**

进口材料		出口材料	垃圾	废品	
玻璃	270	65	152	固体排放	6301
塑料	680	324	184	液体排放	819000
钢铁	1878	140	65	货物	8154
木材	1889	140	637	人	8632
纸	1015	97	691	CO	155
水泥	3572	11		SO_2	308
液体燃料	11030			NO_x	110
固体燃料	193			C_xH_x	29
人类食品	5985	602	393	铅	0.34
动物食品	335			其他	42
淡水	1068000				
海水	3600000				
货物	18000				
人口	8827				

• 人类无形的价值

城市生态体系与其他生态体系的区别是以人类生活活动为主体，具有社会、文化、经济和政治特征。城市居民良好的生存条件自然需要适当水平的材料、资源供应，而不应单靠能量消耗容量的增长。例如可以减少不必要的生活必需品，改进人类的生活品质，关注无形的价值、社会价值、文化模式以及一般的生活条件感受等。香港调查有关人和生物圈生态规划（MAB——UNEP）的项目中，对于生物圈调查中有如下的描述：虽然香港是世界上人口最密集的地区之一，但它的传统价值观和强有力的家庭凝聚力与协作精神等优势，会减少普遍的超拥挤带来的紧张。

2. 生态的生活空间
Ecological Living Space

2.1 居住
Habitat

中国人宇宙观的基础可由两种基本观念简单的描述：“阴阳”和“五行”，五行是金、木、水、火、土。“阴阳”字面上的含意是“阴影和阳光”，代表大自然的概括。阳代表事物的光明、温暖、男性、正面，与天相关。阴代表黑暗、寒冷、女性、反面，与地相关。阴阳图示中的两个圆点象征着各自的势力达到极限时，相互包含着对立面的种子。阴阳图也表现自然界的循环运动，这个基本思想构成一个科学领域中的思想基础，其中包括生态与建筑。

生态是人与自然整体的科学，研究有机体与它的环境之间的关系。地球上绿色植物吸收土壤中的矿物质和水分，从阳光中获取养分和肥料，再返回到阳光和空气之中还原到大自然中去，如此循环。同时绿色植物保持土壤不被流失，图 1－2a。

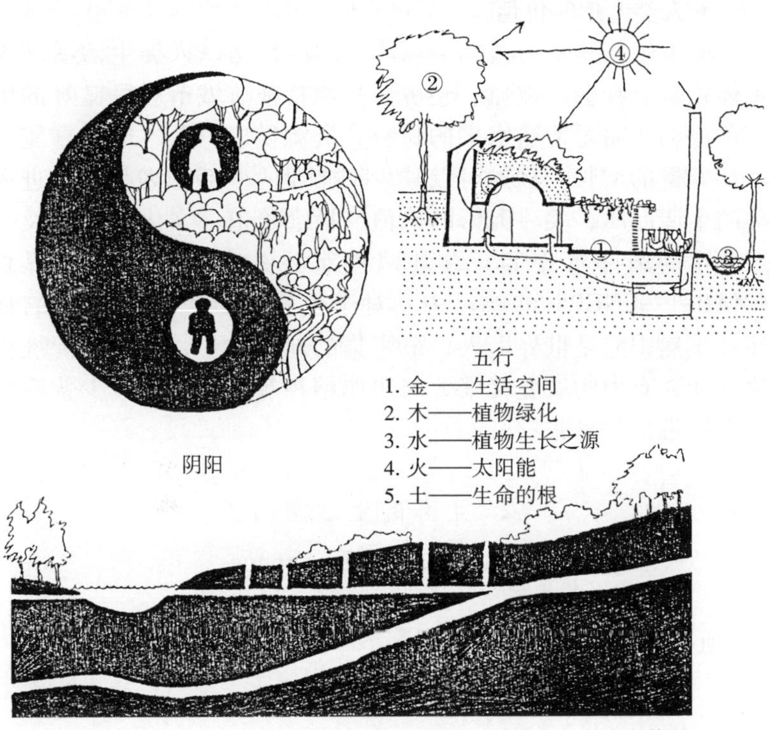

图 1－2a 生态的生活空间

2.2 新疆吐鲁番生态民居生活空间实例

Turpan Dwellings of China, an Example of Ecological Living Space

生活空间的生态模式可见于中国的“五行”之说，“金”犹如人的生活空间，“木”犹如绿色植物，“水”是植物生长的源泉，“火”犹如太阳的能量，“土”是一切生命的根。

根据“五行”的要素描述的吐鲁番民居如下：

• 水

吐鲁番在中国新疆维吾尔自治区中部，靠近戈壁沙漠的环山

盆地之中，吐鲁番的最低处是世界第二低地——艾丁湖底，地处海平面以下 154m。由于盆地戈壁增温快，散热慢，降水量少，蒸发量大。最高年降雨仅 16mm，夏季气温高达 40℃，地面温度 75℃，最高气温达 47℃，因此素有“火州”之称。

吐鲁番这种不寻常的自然地理条件很难取得地面水源，而只能关注地下溶流水，因而吐鲁番特别适宜种植葡萄。

“坎儿井”是一种人造的地下水平的运河体系，提供了地下水与野外水井之间的联系。我国新疆维吾尔自治区是广大的伊斯兰教居民地区。“坎儿井”的作法可能是从中东地区移植而来的。当今在伊朗仍使用与这种相似的水道体系。从“坎儿井”水系中取水，流过乡村沿着街道在每户屋门前通过。这种水道体系已有 2000 多年的历史，是人类在沙漠中能够生存的关键，如果沙漠中无法取水，人类不可能在如此炎热干旱的吐鲁番地区定居。由于沙质的土壤很容易被水渗透，沉淀物很少，一旦水流入地下，也很少蒸发和流动，全年都维持同一体积。

靠设计生土建筑截取和改变水的流向而增强了对宝贵的水的储存。水来自地下再回到地下，院落中由于葡萄的生长也能使藤架遮阳，构成生土家居整体的一部分。

•土

裸露的沙漠土壤是高温的，土壤的温度受季节、每日时段的温度和日晒的影响。日晒由阳光辐射到土地，阳光可被阴影遮蔽或被建筑、乔木、灌木或邻近的结构阻断。被大地吸收的热量由土壤表面特征所影响，如地表的覆盖量、遮盖物的种类、地表面的自然状态、土壤的扩散性和传导性以及土壤的含湿量。土壤的表面条件决定有多少热量被吸收，多少热量重新反射回到大气环境中去。土的下层表面条件取决于土壤传热性和热容量，原生土表面比保护性的遮盖体更快地吸收热量。最好的保护性遮盖体是植物，在植物的能量交换作用中，可减少土的温度并调节微小气候。坎儿井、葡萄架以及覆土建筑是太阳作用下生态平衡的整体，土的温度和水也有密切关系。在这种自然环境的平衡中引导

出吐鲁番覆土建筑居住形态的经营原则。

没有水的经营，以生土建筑连接葡萄架来控制和改善居住条件是不可能的，当地“坎儿井”水渠的线路是按水的重力流线来安排供水节点的，流经每户宅院的葡萄根部。葡萄架保护根部土壤的湿度，并隔绝太阳的直射热量，降低局部土壤的温度，慢慢的保存雨水，逐渐建立土中养份的构成。需要周期性氮的补给和增加肥料、食品残留物、动植物和人类的废物，如从民居中提供的生活废水。葡萄架又是遮阳结构。

葡萄架的阴影保护着土地，葡萄架结构把局部土地的外部环境从沙漠环境中划分出来，使这里的空气更为凉爽和潮湿。空气温度的调节作用又使得土地温度得到调节，降低了土地温度而形成人类在干旱沙漠中的舒适生活居住区域，葡萄必须有足够的土和水才能健康地生长。葡萄架结构重要的含义在于它接近地层水线的根系引导当地的居民选择建设地段。

吐鲁番民居中的家畜和动物也从生土建筑及其环境中受益。

• 火（太阳能）

作为采光天井的葡萄架庭院如同一个空气调节器，引导空气在庭院周围的房间中流动。夏季，葡萄架有三个空气循环功能，使夏季每天的室内温度有所改善。

第一个循环在凉爽的夜晚，空气下降到庭院之中并充满周围的房间。墙壁、地板、屋面、吊顶、柱子和家具在夜晚慢慢的变凉。庭院则把白天的热量反射到天空，起到散热的作用，庭院也是夏季户外睡眠之所。

第二个循环正当中午，太阳高度角很高，直接加热庭院的地面，凉爽的空气开始被置换并从周围的房间中漏出，太阳下的高温围绕着建筑的外部流动。厚墙则不允许外面的热量传导到住宅的内部，土坯墙是高效的隔热体，而且住宅的各面均采取封闭的形式，白天由太阳的照射而蓄热。

第三个循环是午后，由于热空气的对流使房屋及庭院变暖，夜晚的凉爽空气受到日晒而排出了房间。午后由于密集的民居所

形成的阴影而受到一定的保护。当日落时，空气的温度又快速下降，凉爽的空气又降入庭院之中，开始对流，这样循环。

葡萄架提供一些冷气蒸发，有助于干燥空气的加湿，而使居住条件舒适，同时那些摆放在庭院之中充满水的陶土罐也起到调节湿度的作用，图 1－2b。

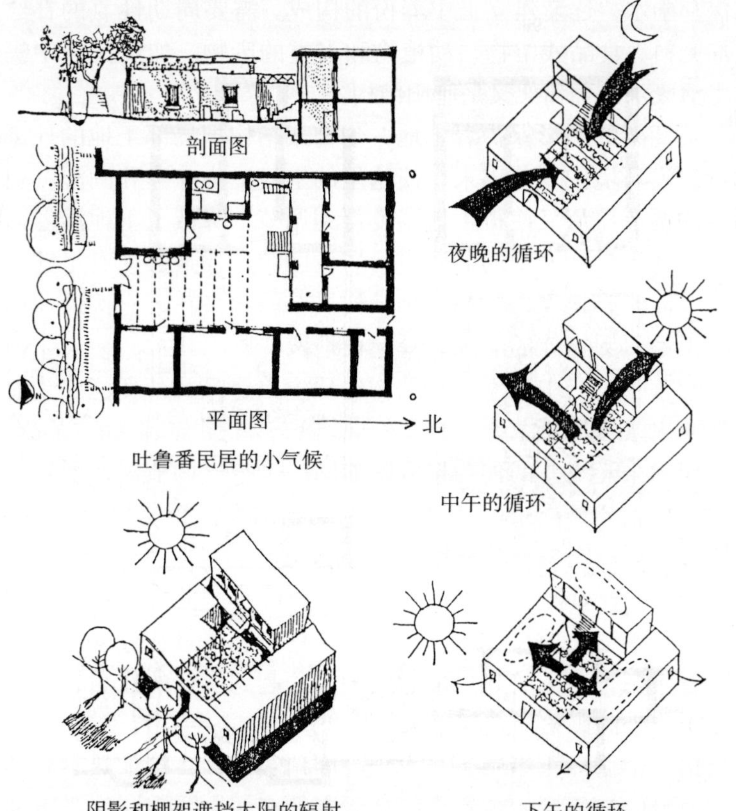

图 1－2b　吐鲁番民居庭院如同一个空气调节器

• 金（覆土建筑空间）

覆土建筑和葡萄架组合在一起时对于改善社区的微小气候和创造愉悦的生活环境都十分有效。吐鲁番民居代表东方封闭式内

向庭院空间的一种理想模式，只有单一的门洞通向外部，无论是邻里的空间组合还是居住区整体，都是这种庭院空间要素组合模式的延伸。吐鲁番民居可称为由“坎儿井”水系统为媒介支持的葡萄架生长条件、生土材料、庭院形式、地方性的理想自然生态居住模式。

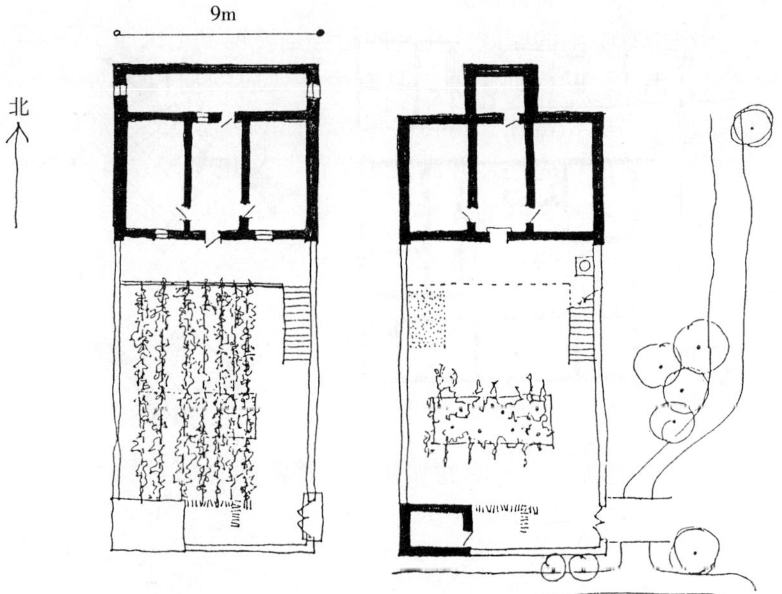

9m

北

图 1－2c　典型的新疆吐鲁番民居

当地用黏土制作土砖或用土坯砌墙，砌墙时再以湿泥覆盖墙顶，乡村的房屋看来像是融合于自然景观中的泥土要塞。平屋顶上有被藤架遮盖的庭院形成阴影，住宅朝向凉爽的庭院，沿着住

宅的前面有引人注目的藤架，住宅后面还有花园和菜地，构成季节性的居住环境。由高大土墙组成的动物围栏独立于住宅的地域之中，也是乡村中的景观特色。住宅、土、植物绿化色彩和谐地嵌入环境景观之中。穿戴色彩鲜艳服装与饰件的维吾尔族村民更增加了特色。明亮的色彩也出现在一些建筑要素之中，如门窗框、地毯和织物的装饰性物件上。

当今带有喧闹的摩登式住宅的趋势是漠视乡土民居中许多可取的设计手法。从实质上看，具有生态效应的葡萄架的生土民居，提供了高度私密性、亲和性和舒适性的居住方式。聪明地解决了气候环境的适应性，并满足了生活与文化习俗方面的需求，延伸了地域性城乡文脉的传承，无疑将为现代生态可持续发展要求所关注，图 1 -2c。

3. 生态城市模式
Eco-Urban Modules

3.1 生态城市——自我调整的完整体系
The Town, a Self-Regulating Integrated System

城市被认为是一种特殊的生态体系，显而易见，人们喜爱的居住环境是他们亲手创建的和谐的生活空间。然而当今人们生活的城市体系中都不能自身维持，需要从外界提供多方面的支持。从周围的乡村地区，甚至从周边的国家提供支持。在各类城市中，垃圾、废物、废水、燃气，大量的石油消耗均在迅速地增长，另一方面城市大量排放有毒、有害的物质于环境之中。不管人类的意愿如何，一种取决于外部环境的新陈代谢的城市体系，一种综合交叉的城市生态体系已经形成，不论是城市还是乡村都面对着这一现实。

城市生态体系和自然生态体系有不同的性质，城市体系的新陈代谢作用造成城市环境内部对土地的吞食和对其他天然资源的

极端破坏性。通常表现在居住邻里的生态体系中的新陈代谢程序之中，生活残留物限制了生活环境的改善。要改进这种错误的发展趋势，不能为时太晚，首先应找到错误的原因，运用古代和现代的技术，更新传统的规划设计观念，制定走向可持续发展的未来。

完整的城市生态体系包括多种相互搭接交叉的体系，它们彼此之间既有交叉又有联系。其中影响最大的是自然生态体系和它所包含的生态调整的程序。非常明显，人类的城市已被注入了太多的人工化环境，人工环境体系不能转化到自然体系之中，致使“环境结构破坏”，并破坏了环境的生态基础。因此，大量居住在城市中的人们所创建的，可见的生存空间并不成功。其服务质量只能达到一定的时限，当今城市中固有的人工环境体系的发展使生态平衡混乱，生活与生存的品质下降。

虽然我们已经开展了拯救和保护区域环境的程序，成片地保护和拯救环境，并已初见成效，但还远远不够。如果重新安排城市中技术的、经济的、社会的生态体系已不再可能。当今要把城市中的自然生态体系和其他的城市生态体系联系起来规划则是避免环境继续恶化的惟一途径。强化绿化的作法是发展生态规划体系的可行途径，具有现实意义，图 1－3a。

3.2 生态城市发展的模式——能

Eco-City Module—Energy

降低城市能耗，改进现有能源的利用，是构想生态城市的基础。除了探讨如何节能，使产品和材料更为有效地利用等方面以外，要在城市能源方面有所改进。如调整供热网的体系，电站要靠近居民区，以替代远距离的供热，大型的核心电站会大量的浪费热能，并造成环境污染。一种新的包容许多小型电站交融的网络体系，较一个大型电站更为适用。更有效地利用现代化舒适环境的能源安排，应创建一种多功能的小网络体制更靠近用户。分散的电站热能消耗还可实现热的恢复或建立能流的阶段次分级。第一级为电站；第二级为工业的废热利用；第三级为居民采暖供热。

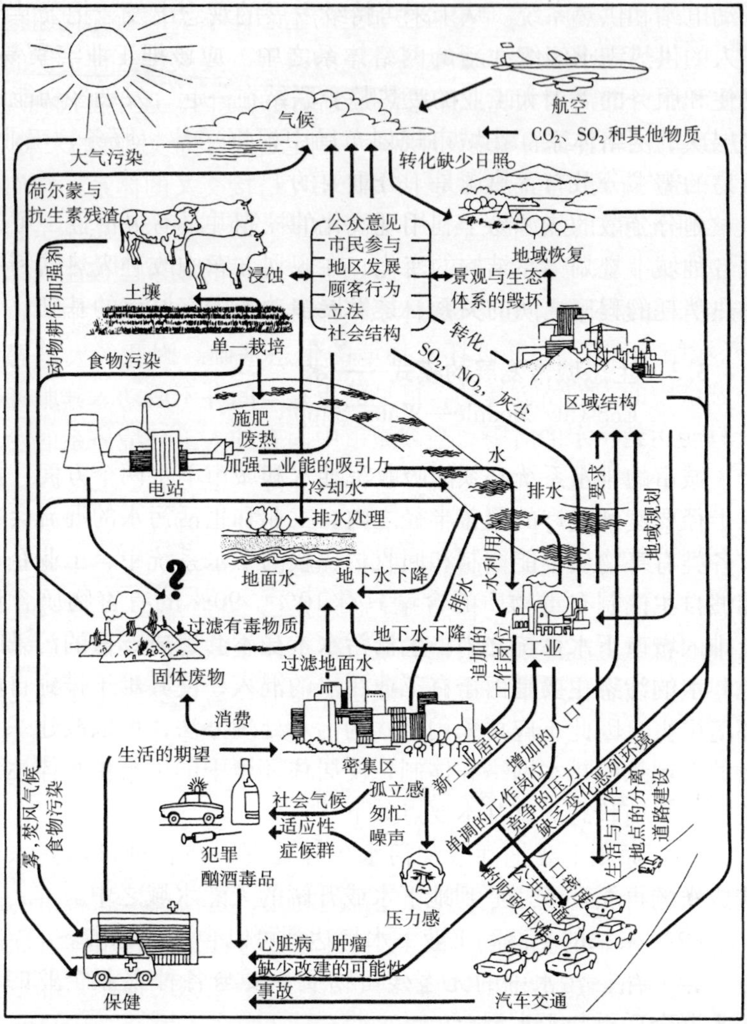

航空
CO_2、SO_2 和其他物质
气候
大气污染
转化缺少日照
荷尔蒙与抗生素残渣
动物耕作加强剂
公众意见
市民参与
地区发展
顾客行为
立法
社会结构
浸蚀
景观与生态体系的毁坏
地域恢复
土壤
单一栽培
食物污染
转化
SO_2, NO_2, 灰尘
区域结构
施肥
废热
电站
加强工业能的吸引力
冷却水
排水处理
水
排水
要求
地域规划
水利用
地面水
地下水下降
排水
?
过滤有毒物质
地下水下降
追加的工作岗位
工业
固体废物
过滤地面水
消费
密集区
新工业居民
增加的人口
生活的期望
单调的工作岗位
竞争的压力
缺乏变化恶劣环境
生活与工作地点的分离
道路建设
雾，焚风气候
食物污染
社会气候
适应性
症候群
犯罪
酗酒毒品
孤立感
匆忙
噪声
压力感
人口密度
公共交通的财政困难
心脏病　肿瘤
缺少改建的可能性
事故
保健
汽车交通

城市网络

图 1－3a　城市生态体系

现代技术能够建立带有完善清洁燃气的地域性单元网络体系。能够长期地运用氢技术，燃料细胞技术以及其他无任何污染的能源产品。把这样的新技术网络体制和太阳能技术连接起来，

开动电站和供热系统。从未来可持续发展的观念出发，把公共与私人的供热需求组织在新的网络体系之中。应该把工业与贸易，居住和服务的需求和工业的废热整合联结在一起，发展多功能的多层次的网络体系。在城市规划布局中根据居住、服务、工业、贸易的需求分散布置热源是十分重要的。

划分分散的热源易于利用现代化的控制并具有灵活性，可适应各种城市规划体系结构的变化。在规划方案中改进废热的利用和热消耗的程序之间的关系，是发展多功能生态城市的基础。

3.3 生态城市发展的模式——水

Eco-City Module—Water Supply

城市的排水系统必须能吸收沉淀水和城市下水两个方面，排水半径要达到允许的覆盖半径之内。工业和生活污水的混流会造成各类有害物质不能控制和回收，一般的下水系统中，工业企业能够自主控制有毒物质的含量只有 10%。90% 的有害物质含量会排入城市下水系统之中。生活污水本身不会造成严重的污染问题，水的污染主要是由于有工业污水的混入，使其难于排到自然环境中去。因此不应再采用老式的污水处理办法，可以改建一种新的有创意的排水网络和体制，使居住环境中的可再生水体达到长期的平衡状态。其基本要点如下：

（1）原则上要把雨水和污水分开处理，在各种排水体系中造成水的再循环或还原到地下水或开阔的天然水域之中。

（2）未来的生活和工业下水将达到可以合并的标准。

（3）生活污水中的无害残留物质，要与各种工业企业的还原水混合后再与雨水混合。

（4）城市下水将被微生物池水装置处理，如芦苇池塘、地下沼气池等。

在采用处理下水措施的同时，发展和重建居住区的开放天然水域，开放水域与地下水道相联系，构成新的城市建设模式。农业中使用的杀虫药和化学肥料必须彻底检查处理。

对河岸的修整提倡使用水、竹等原生材料，保护沿岸的湿地、牧草，对雨水还原到地面和回水到天然水体都至关重要。水岸的生态网络可由运河、灌溉渠、水洞、池塘形成的湿地环境同步发展。这种网络形态将由水体的径流方向和所处开放空间的部位自然地形成，而影响着城市的生态结构。

城市供水的质量在很大程度上取决于水源是否纯净，但多少都会受到外界表面环境的污染，水中增加的重金属、硝酸盐、化学物质和其他残渣都使水质下降。凡在大范围的水网体系中，有时覆盖面达几百平方公里都有水源污染问题。为了保证水体的质量，分散式的水体网络系统为了融合再降解残渣，应增加网络间的联系，因此分步骤地处理水体是十分必要的。当今，城市中使用的中心水处理网络体系已经成熟，已无技术问题了，而是为了水的再循环划分成分散的部分，建立高质量的供居民的饮水网络，并与城市开放空间植物生态体系相联系。这是城市发展地域性生态体系的一个目标。分散的地域性的供水水网应受到鼓励，引导城市水资源生态平衡、均衡地发展。

3.4 生态城市发展的模式——废物与再循环
Eco-City Module—Refuse and Recycling

与自然生态体系相反，废物不是发生在新生命的初始阶段，却是生命体发展的基础，因此，废物始终保持着大量的增长。城市中自然的生态新陈代谢现象就如同社会上货币现钞流通过程那样的经济平衡规律，人们必须获取大量的石油、消耗天然气，排放并回收废水，在这个新陈代谢流通过程中，每人每天每次都在破坏自然。与货币流通的平衡理论相似，也要建立发展流通的层次，建立一种可以控制和起引导作用的平衡，城市中的材料和物流也应有达到平衡的合理指标。

现今有关废物的分类划分方法，存在一些误解，生活废物只包括玻璃、纸张和有机物，只注意到对人类有价值的特殊废物和垃圾等等。从人的观点看废物再循环的程序似乎已经建立。这个

观点只重视堆积废物的连续增长量和处理代价。好的市政当局在市民的监督下为此花费巨大。在现今的技术条件下，利用焚化废物热能及清洁废气的再利用方面已经很容易做到，但尚不全面。例如人们在处理下水方面，处理各种产品废物及特殊垃圾时，有毒物质在处理过程中又会发生。废物在高温下焚化的烟是不清洁的，物质转化过程中在化学与物理意义上都会产生特殊的可再使用的物质。在处理建筑材料的剩余物质转换的程序中，会在产生垃圾废物的过程中排放 CO_2，又加入了使气候变坏的因素。通常假定这种转换装置在材料转化的过程中只发生较少的有害物质。听起来像是理想的程序，但现实是人们不得不捂住鼻子远离那些垃圾焚化厂。在城市中常见的处理污物的整合程序中，对工业企业的安排要处于一个热网络体系之中，同时也要建立为其运转服务的物流网络。逐步建立经济而长久的一种再循环的途径，可促进地域性的、中间性的、多层次的废物再循环体系。致力于工业协作的多层次的废物处理，改变焚烧的办法，把废物转化为煤气使用，比全部释放到空气之中要好得多。堆积物、废弃物以及输出物全都通过转化，不造成二次污染，才能见效益。

生态城市的发展离不开这种新型的地域性的废物再循环能流体系，如果人们不在这方面作长期的努力，只关注植物绿化方面，对生态城市的可持续发展也是徒劳无功的图 1－3b。

3.5 生态城市发展的模式——交通体系
Eco-City Module—Traffic Systems

在现今的城市道路上卡车的数量仍然保持着快速增长，从保护生态环境出发，应把大量的货物运输流线再转回到铁路和水运上去，这是生态可持续发展方向，是明智的作法。现今的市场经济热心于建立高收益的最大市场交流，却受到交通和道路流通的限制以及国家之间的边境限制，因此交通体系的发展要便于商业交流。

为了保护良好的居住环境，以及保证居住与工作环境之间的

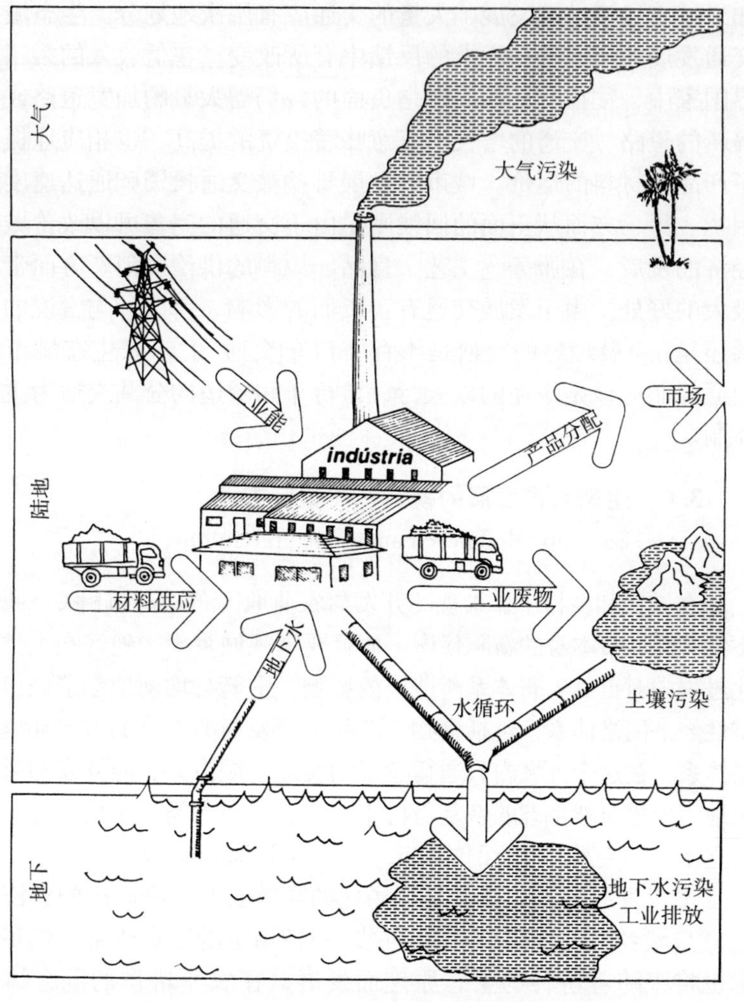

图 1－3b　工业产物的排放

良好关系，驾车一小时的行程是可以容忍的，例如 30 分钟驾车至商场、服务中心或休闲中心。如果提高高速公路的级别，车速将更快捷，人们愿意接受舒适便捷的交通工具。要适应生态城市中农业用地的增加，就必须改进现今城市中的快速交通。因此，

如果城市经济继续发展，大量的交通应有层次地划分。生态城市交通发展的模式将在需求的反馈中有所改变。在低收入的第三世界国家中，往往交通的反馈是负面的，仍需大量的加宽道路或开辟新的道路。交通的增长不仅意味着投资的提高，也相应地提高了产品和材料的运价。城市的发展日益被交通投资和通达速度所困扰。另一方面从正面的回馈则是由于交通的完善可以改善城市经济的发展，在服务、工艺、食品、原料的供给和消费方面带来极大的好处。由于发展交通有正负面的影响，所以一句常说的老话还是："最理想的交通是不存在汽车交通"。未来生态城市的交通体制应该是短途的以人行、自行车和舒适的公共交通为主的体制。

3.6 生态城市发展的模式——景观农业

Eco-City Module—Landscape Agriculture

在城镇和乡村中，景观的开发与农业地区布局密切相关。我们不仅关注城市本身的新陈代谢，而且要重视城乡周围地区在人类进化过程中对自然生态体系所造成的影响。平衡与均衡地创造城市地域性经济网络体系，包括食物、产品，开发新的综合的城乡环境网络体系，在这个区域内只通行少量的交通。城市人也应开发和耕种土地，促进自然生态的恢复与再生，把农业与人类的家居环境重新建立密切的关系，即所谓的城市乡村化（Urban Village）。

现今发展的农业产品是市场化的高效农业，有高度的经济效益，与城乡的进步同步发展，展现一种稳定的形式体系。景观艺术也将跟随着耕种的生态原理而发展，在农业耕作的混合体制中，大自然给传统的景观艺术注入了多样性和差异性，无怪乎当今人类刻意追求的是回归田园乡野的天然情趣。园林景观回归到大自然中去是生态化的方向，依靠大自然建造的园林艺术融于生物型城市区域的网络体系之中。包括城市林带、边缘林、流动的水岸、淤积的水面、沼泽、湿地、其他农田地区，以及干燥的沙石地和类似的多种自然空间。农业地区则被这种网状的景观所环

抱，城市绿地和水空间一起形成一种农耕与绿地交融的体系。在城市中的这个有生命的景观之中，被行人与自行车路径以及为农耕使用的道路所切割。居住用地，紧靠家居的建设地区直接和高效农业地区相连接。

城市农业网络联系着城市建成区的绿色空间，将有大量的板式公寓成为紧邻城市绿地区域的景观。农林中的社会公益与农林再生可成为城市空气和水的清洁器，可最大限度地改善居民的生活质量。

生物型网络体系的路径与城市道路结合，构成一个枝状的结构，由地形和日照组织的住宅结构体系所覆盖，形成生态城市开放空间与路网的完整的发展模式。生态型城市网络结构的特征是将规划与现实之间的各种矛盾，使其在未来的发展与自然生态的协调生成中逐步达到平衡。建筑规划中的生态体系总是包含着多种矛盾的交叉，单项的专业人士常常看不到完整的远景，生态规划需要多种专业知识的专家们合作才能使规划与需求具有操作性；必须共同关注城市规划与景观生态两个方面。

城市发展的综合性技术与经济结构的循环更新，在50年中即可见其变化，例如德国伊梅舍尔河（Emishare）流域的10年“蓝天计划”已显见成效。因此未来城市生态环境的形成并不是遥不可及的，除了制定目标以加强概念控制，还要控制城市规划发展的程序，并注重规划程序中的反馈变化使之能达到自我调控可持续发展图1－3c。

图1－3c　中国古代城墙外围的农耕

4. 生态城市是多功能的城市
The Multi-Functional City

在当今世界大范围的经济集中与劳动力分工中，在城市和郊区外围企业群的建立过程中，城市道路正不断地向城市边缘区域推进，城区不断地向外延伸。同时市中心区交通衰落状况已成为不可改变的现实，城市中心地区的生活质量日趋下降。外围地区的继续发展引来了社会阶层化的加骤，交通空间所占城市空间的比重也越来越大。交通将保持继续的增长，平行于道路交通的城市发展，必然随之伴行的是城市的多功能综合体，加速单一核心城市的分解和消失，逆城市化运动形成反馈式的发展循环。

生态城市的道路应是短途的，要保持道路的合理密度，城市形成多功能的综合体，并带有绿化空间和农业用地的生态城市。

直到近代才提出城市应具有综合功能，打破以往城市规划中的死板的功能分区。并提出城市应充满生活情趣，现代的多功能城市可提供现代化的技术环境和绿色开放空间。多功能综合性城市是城市规划思想的重大改进，综合性混合区要达到一定的稠密度，创造高质量的生活品质，在综合性多功能的生活区中带有联排式或庭院式住宅。

从生态学的观点看，城市发展的新方向应致力于把多功能的混合体置于一小块地域之内。带有短途道路的城市综合体，运用现代技术不需要功能分区，在技术方面可保护城市空间不被环境污染。为避免现今分裂式的分区规划结构所带来的产品运距大，以及生活措施的分割，而减少许多空间层次和附加的道路，社会生活也不会被社会阶层化所分解，城市的文化沙漠化也将逐渐消失。在稠密的群岛式布局中，城市被分解为分开的小城镇，并由绿色的网络所联系。这样的城市群岛将包括一个主岛，成为文化中心，围绕着主岛设置许多独立的邻里小岛。根据它们的历史发展、地理条件、社会和生态条件及其自身的特征。在城市绿色网

环的外缘，散布着与其他岛屿之间的开放景观，城市岛群全部被一个生态体系捆绑在一起。热力供应的网络体系置于这些邻里岛屿之间，再循环水的网络体系也融入绿色的网络之中，排水系统则集中贮存于池塘，流入地下水或天然水体之中。每个城市像绿地中的浮岛，具有完善的社会公益、服务、娱乐休闲设施，也有行政、管理以及各级的办公或科研处所。城市岛的核心将由商贸和工业企业建立，其间有物质的以及环境技术方面的合作。岛与邻里之间有联合，寻求工作与生活之间灵活的平衡。在这样的岛城中不需要很多汽车交通，全部联系将依靠步行和自行车交通及信息网络系统，只为岛城间的运输效率，保持少量的快速交通。如果这个结构设想是可行的，城市规划师对未来的环境可持续发展将做出应有的贡献。

5. 生态可持续发展的社区规划

Ecological Planning for Sustainablity Using Community Knowledge

城市是个自我规范的多种生态体系交叉运作的有机体，把城市纳入人和生物圈的生态体系之中，城市是一个特殊的生态体系。城市中包含着多种多样层层交叉着的生态体系，可以分析出有社会的、经济的、技术的、自然的生态体系，它们之间又彼此互相关连着，其中最大的城市生态体系是大自然的生态体系。生态城市的社区规划有以下六个要点应予关注：

（1）城市生态体系是综合性的，不单是大自然的植物绿化生态体系，自然生态体系在城市中是重要的，包括土壤、植物、空气和水。自然生态物种的生长周期比城市建筑的建设周期要长久得多，因此要在社区的生态规划中考虑长远发展的灵活性，寻求未来的能源、自然资源、水以及特殊材料等能否提供可持续发展的需求与供应条件。社区的生态结构应满足构成居民生活中能量循环演替的场所。

（2）生态社区的居民要有合理的密度。短途交通体制，有自动、自律的能力；分散的多中心；有充分的绿色空间；集多种功能于一体。生态可持续发展（E. S. D.）应成为生态社区规划的基础。

（3）生态社区规划设计的基本思想是可持续发展对未来的可知性。要充分了解预想的未来，从生态学的观点观察一代人的生活活动，提出规划设计的新方向。可知性的内容包括人与自然的和谐与合作，创造人与植物、动物共同的生存空间。视觉空间的布局及高质量的生活空间应以人为本。应对人和生物圈有所了解，主张公众参与，这些都有助于对未来可持续发展的可知性。

（4）能的保护与利用是生态社区规划的重要特征。低度的 CO_2 排放、节能、天然能源的充分利用；主动与被动式太阳能的利用，风能、光能的利用（光技术可节电 30% ~50%）。水资源的循环利用，雨水的存留，发展家庭园艺、公益栽植园艺、绿色效益的住宅建设等等，逐步达到零排放的目标。

（5）生态社区规划要建立短途的交通体系和人与车的融合关系。

（6）建立智能化社区管理中心，智能化发展应成为改善社区生活质量的中枢。

6. 城市规划中生态理念与社会的交融

Urban Planning, Biological Knowledge and Social Transition

城市的生态体系是综合性的，其中包括有社会的、技术的、经济的等等，互相交叉影响。

（1）早在文艺复兴时期，文艺的创作方向引发了工程师们把城市建筑与生物学之间直接联系起来。开始时他们只对解剖学有兴趣，达芬奇发现并画了许多人体和动物的解剖图。当时设计

的理想城市是服务于军事工程标准化的城市模式，有多层的街道成为对未来的设想，生物学与建筑的直接联系还很少。当遗传科学发展时期，生物学与建筑学继续聚合在一起，出现了研究社会特性的倾向。

（2）在工业化进程中人口的大量增长，人潮突然涌入了工业集中的中心地区，并且扩大了贫穷与富足的矛盾，城市始终处于“缺少住房和居住灾难”之中。在城市规划中又一次展现了社会的因素与影响。城市中的新问题是：a）整个世纪或更长的时间，社会发展超越了城市规划极限而失去了控制；b）从理想的规划设计倒退，并试图以详细的城市规划设计就事论事地去组织空间，只能与生物学的片断的特殊规律相联系，如只注重加强绿化。

（3）由历史学家和社会学家从科学与技术角度对生态理念的分析，出现了生物学与城市规划的并置状况。a）工业社会带来的环境恶化，迫使城市规划必须借用生物学的理论；b）城市规划中的生态要素全面取代传统的规划要素；c）工业化时期对数学的理性化分析也是社会生活发展的方向，是新时代高科技手段的基础。

生物科学与城市规划并置发展的关系是以社会经济关系为成因，它不仅是科学或技术的要素得出的结论，而是取决于人的社会行为要素。它与城市社会结构自身的改变以及行政管理的行为相关，城市规划是社会生产与社会阶层关系的中介。

由此我们得出城市规划的新方向应该是：

（1）符合输出能量等值替换的原理；

（2）创建生态圈社区；

（3）与大自然相适应的原理；

（4）社会生活和谐美的原则；

（5）促进自然环境循环中的更新复苏的原理。

未来主义者森特·伊里亚和玛瑞诺梯（Sant Elia 和 Marinotti）说过，人类生活的住宅对我们不该是太长久的，每一代人要建造

他们自己的城市。建筑大师勒·柯布西耶和密斯·凡·德·罗都曾努力将底层平面设计自由化，主张“同一性大空间”，“有机建筑”等规划设计思想。城市的结构体制应向多样化、灵活可变性方向发展，以最少的材料消耗，高度灵活的可再生建筑材料取代那些高价和耐久的材料。

第二章 生态建筑观

A view of Ecological Architecture

1. 建筑历史的回顾

A Brief Review of Architectural History

从建筑发展历史看，人类对自然界的主导作用日益增加，并改变和塑造着自然界的生态环境。生态是研究人与自然之间整体的科学，研究有机物和它的环境之间的关系。绿色植物通过光合作用转化为食物和燃料，又把可食用的无机物、水和碳氧化合物再返回到充满阳光的大自然中去，提供给人类一个食物链、燃料和氧气的自然循环环境。绿色植物同时又保持土壤中的养分滞留而不被冲刷。

从人类的现实情况看，建立人类社会与自然界之间的真正的平衡关系只能设想到 22 世纪才能实现，但是重要的是，人与自然界走向平衡的思想，现今已被承认了。这种思想表明 20 世纪的最后 20 年中认识到了今后人类与自然界建立新的平衡关系的重要性和可能性。

新的建筑学理念改变了城市与建筑的外貌，不像 19 世纪建筑充满独立于结构之外的多余的装饰，甚至把装饰看作是建筑的自身的价值。过分地以及缺乏含义的纯装饰形式导致对“新结构”发展的阻碍，很明显，消除所有的装饰是进步的思想。从此以后开始宣扬“纯建筑”，这种“纯”是要使结构成为形式的先决条件，或是如穆特修斯（Muthesius）曾经假说的，“形式要从结构方式中发展”。我们坚信建筑形式必须起源于结构，又不

强制于结构，我们应无条件地，最大限度地去探索那些有这方面导向性的建筑研究项目——仿生结构。

人们预计 21 世纪的建筑学将不再受“后期摩登主义”影响，有成就的新艺术创作不能再是没有任何预见性的，以含混的思想为基础的建筑实践。不能再像过去那样，建筑思潮没有长久的代表性，要以明智的态度引导建筑转向生态可持续发展的新时代。

21 世纪产生了关于智能和材料的论争，面对“人类和自然界”现状的诸多问题，人们建设道路、铁路、运河、海港和机场、工厂、学校、住宅、电站、森林和农田。这些都是人类改变自然界的重大因素。当今有两种极端对立的争论，是发展新艺术的创作；还是发展永恒的自然。

我们发现，人类与现存自然界之间要建立长远的和平共处，只有在 22 世纪才有可能。但重要的是从现在开始，人们所建立的人与自然之间和平共处的思想基础，在 20 世纪的最后 20 年已被阐明。

从历史上看，建筑与自然界有以下的关系，见表 2 – 1。

表 2 – 1

时　代	建筑特征	建筑与自然环境的关系
史前时期	掩蔽体，结构构造坚固	仿生
文艺复兴时期	建筑设计的古典主义	建筑主导自然环境
摩登运动	建筑摩登化，追求时间和空间	建筑要与自然和谐
后期或晚期摩登主义	建筑的第五度空间，传统和文脉	建筑融入自然，融入文脉
现代建筑	环境设计，生态建筑学	自然主导建筑
未来的发展趋势	生态的可持续发展	城市乡村化

2. 人的个体和人的环境

The Individual and His Environment

不论是对于人类社会，还是对于人类自己，人类最大的危险

是来自人类自身。人类所生存的环境越来越损害自然界（风、温度、阳光、湿度和大气压力），损害自然景观（山脉、海洋、森林田野、河湖），损害人类赖以生存的掩蔽体（城市和村庄）。人类生活于其中的建筑、工作场所、公共交往的中介交通以及私人汽车已成为生活中不可分离的伙伴。人类生活直接和间接的和许多方面都建立了不可分离的联系（社会的、行政的、政府的），构成人的个性与环境之间的密切联系。

2.1 个体
The Individual

个体指任何事物的全部之中不能被划分的部分，指不能分离成为两个或更多的部分而仍然存在的个体。因此，细胞的个体就是这种不可再划分的个体状态，在细胞的生长中加入了新陈代谢的机体演变，细胞继续分裂成被消费或再创造。一个细胞膜组织的组合，对于相对其他残留时间较长的细胞来说，只是短暂的存在。但是也许在相当长的几年寿命中，人体及其所有的部分在不同的时间中都在更新，由童年到老年，很难有一个微分子长期存留。这说明，在“个体和它的环境”之间，生物的人与环境的联系如同细胞的原型。可以认为人的个体或每个细胞在发育初期，邻接的细胞都是环境的一部分——因为每一个细胞是其他细胞环境的个体部分，所以任何个体都离不开它的环境。

2.2 环境
The Environment

人类的细胞环境不仅取决于相邻的细胞群，同时也取决于其外围无机或有机环境的残留因素，例如药品、新的射线、寄生虫、共生的有机体以及人类等等。不同的环境要素，在大多数情况下都影响着个体。因此，有一种观点认为，所有的细胞都对同一种方式的刺激有所反应。总之，在有机和无机的环境因素中，人体的个体细胞在所有的影响因素中占据重要地位。

因此，生物学家要区分“环境”（所有因素的总和）与“感觉世界”（某些环境因素）之间的区别。生态建筑观认为细胞的环境如同人的环境。

2.3 个体的自然形态、生理的不均匀性

The Natural, Morphological and Physiological Inequality of Individuals

人类生命结构的自然形态都表现有生理的不均匀性，就像人类都有肺、心、指甲等多种形态一样，其他同类相似的组织和有机体也是如此。人们呼吸空气并从植物和动物取得食物，人们根据同样的化学程序进行新陈代谢。由此推测，人类生命对所有的环境具有相似的需求，并对环境的刺激有相似的反应。不同的只是在遗传性方面，可以说人类的个体对环境刺激有不同的反应方式，不同的耐药力，各种过敏症的差异等。这是个体的特异性和生理的不均匀性的表现。

2.4 环境的创造者——人类

Man as the Greator of His Environment

人类在环境方面的个人需求是否都是合理可行的呢？我们大体上把人类的环境需求划分为以下的内容：

（1）私人的家庭环境；

（2）个人占据的工作领域；

（3）居住社区环境；

（4）景观环境；

（5）有关人类生存的基本要求。

2.5 个人心理性格的不均匀性

The Natural Psychological Inequality of Individual

作为个人具有独特个性，表现他自身的个人性格及与别人的区别。当人类个体接触外界刺激时，有自身的反应方式和程序，

生命体能通过他敏感的机体组织，适应所处的环境。除非发生了巨大的自然激变，人类生命体与环境要素是紧密联系的。人最重要的环境要素是人类本身，如人的同伴、单一的人、团组以及群体中的人。社会学方面的结构变化，是人与人之间关系改变的巨大征兆，我们可以看到现今人类的文明进步与石器时代人类的行为模式之间的巨大差异，说明人类在社会结构变化中心理性格的巨大变化。

3. 自然界生命形式的进化

The Evolution of the World of Forms of Living Nature

胞体是自然界生命的基础，自然界广泛地存在的生命胞体有以下三种形式：

（1）自然界有生命的形式包括：植物、动物和人；

（2）自然界无生命的形式，自从有生命形式开始时即已存在，也包括所有的死亡的生命体；

（3）技术造就的形式现实中较多的有：由人类活动的影响而形成的自然界形式。包括人类活动中所有的人造形式，如手工艺、机械技术、科学和艺术。

3.1 自然生命中的仿生形式

The Bionics Forms of Living Nature

• 仿生关系

在自然界的生命形式和技术形式两种领域中，存在着相关组合的要素，不论自然界的生命形式和技术形式两者各自的发展程序如何，关注两者的密切关系，才能创造出复杂的仿生产品。在发现新的仿生结构要素的过程中，才有可能创造新技术体和自然生命体相结合的新形式。在仿生过程中，需要把一些仿生物质置于无生命的自然之中，即具有了有生命的自然物质结构形式的仿生特征。因此，仿生结构即人工技术形式与有生命形式之间的

关系。

• 仿生原型

在无生命的自然界中的人工技术形式中，为了进一步了解其生命体的特性，要找出自然界中的原型具有重要的意义。

单一的表面原型有：（a）空中飞舞的雾珠；（b）漂浮在水中的气泡；（c）漂在水面的油滴。

双表面的原型有：（a）飘在空中的充满空气的气球；（b）带空气表面的水泡（反气泡）；（c）漂在水中的充满水体的微球体。

• 自然界中的生命形式的转化

许多生物学家的观点认为，能直接转化到自然界中的一切生命形式中，微观胞体形式可以创造一个生命体新形式。在无生命的自然界形式和有生命的自然界形式之间，仿生可视为是一个微观环境中的转化形式。例如微观的有生命壳体能说明大量的物种形式的演变。因此，可以在电子显微镜下研究仿生的各种轻型结构形式，发展无生命的生态结构。

3.2 自然界有生命的形式

The Forms of Living Nature

• 生物细胞

生物细胞——人们通常简称为“细胞”，是有生命体的基本元素。生物细胞是由封闭的膜包护着，它们具有非常完好的孔洞或呈网状的形态。这种膜被固体和液体状态的要素组合在一起，并对细胞的内部有修整形式的作用，图2－1a。

• 细胞的形式

生物细胞中有以下几种形式：

（a）多种形式的固体（水晶固体），图2－1b；

（b）可抵抗张力，可活动的丝（花丝、须根、肌肉纤维等），图2－1c；

（c）活动表皮的胞体（细胞核、空散的青芋、合成树脂、网状结构），图2－1d；

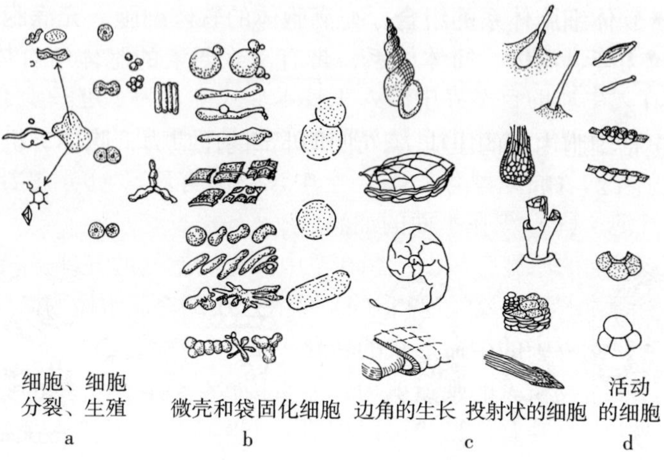

图 2－1　细胞的形式（一）

（d）可抗压力的凝固体（细胞联合、细胞分裂、细胞群落、细胞固体联合），图 2－1e；

• 胞体张拉应力的强化、静态时的强化、液浆体系、胞体体系、肌理，图 2－1f。

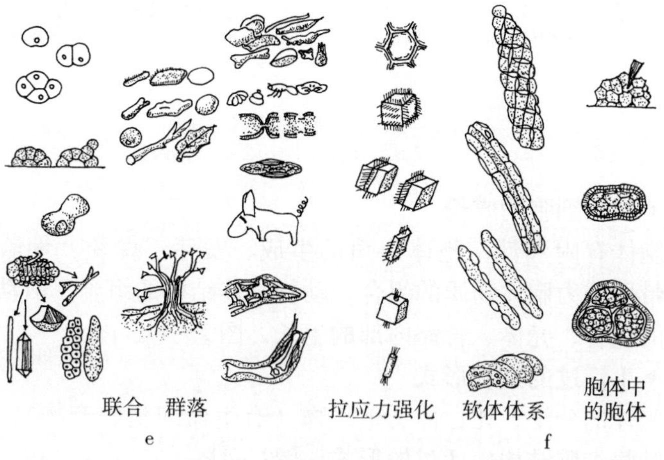

图 2－1　细胞的形式（二）

• 软体细胞体系的组合，充满胞体的软体细胞、充满胞体细胞的拉力环、洞体、筒体体系，带有液浆要素的胞体组合体系，图 2 – 1g。

包括细胞内部的压应力，细胞外部的压应力，胞体有机体的强化，图 2 – 1h。

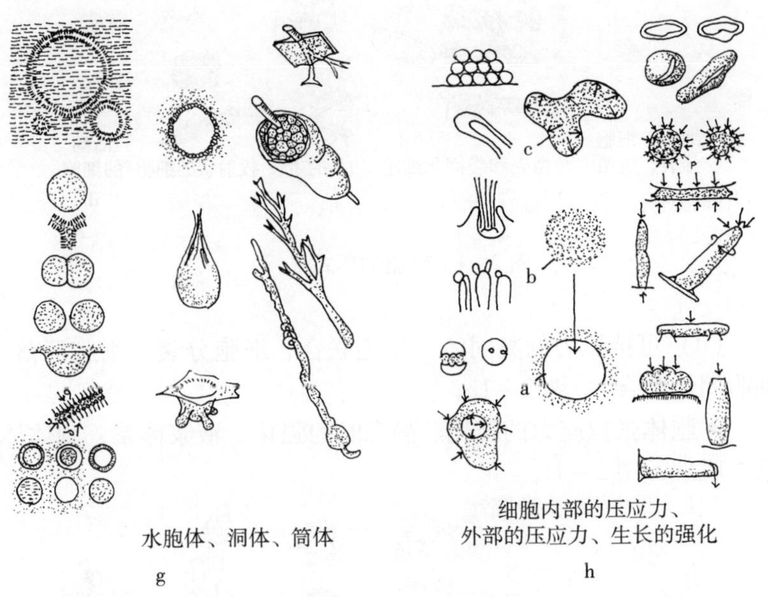

图 2 – 1 细胞的形式（三）

• 硬化细胞的成长

胞体有附加性，胞体边角的生成、发芽、蜕变、骨骼的生长、带压应力胞体物质的组合、动物胞体结构的组合、活动胞体体系的组合、壳体、骨骼内部的生长，图 2 – 1i、j。

• 生活过的细胞形式

胞体的分泌、死亡体、生产物（有生命细胞的产物），都建立了动物细胞结构生活过的形式，图2 – 1k。

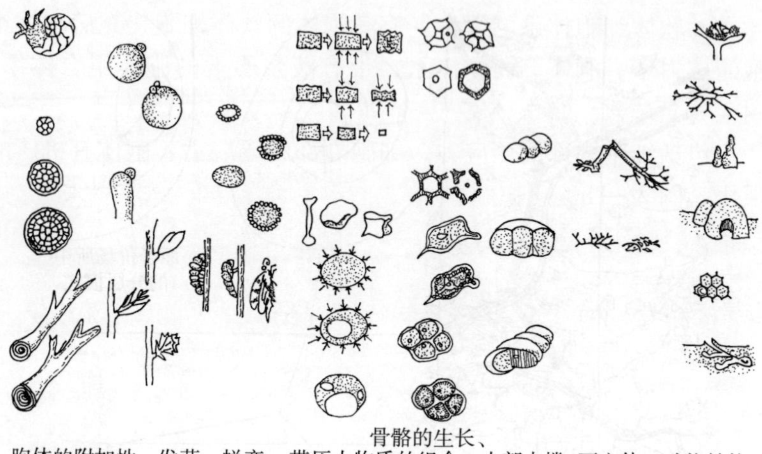

图2－1　细胞的形式（四）

4. 泡 沫 状 的 仿 生

Forming Bubbles

4.1　仿生的最捷路径

Bionics of Minimal Way

• 开放的两度空间最捷路径的构成

以仿生泡沫的形式研究最捷路径的方法非常有效，以肥皂泡沫的模形式研究最捷路径起始点之间的划分；以不均等荷载的下垂丝线形式或车轮行走轨迹，来研究公路最捷路径的多种可能；也可以在电子显微镜下自然界原子价场所的形式中，每层有不同直径的切片薄层的分层形式所展示的突破点，也可以研究最捷路径。例如，公路与航空飞行路线的路径都是寻求开放的两度空间的最捷路径，图2－2a。

在自然形成的古老的乡村路径中能发现典型的最捷路径，如同自然界中发现的开放式两度空间的最捷路径体系一样。可以从

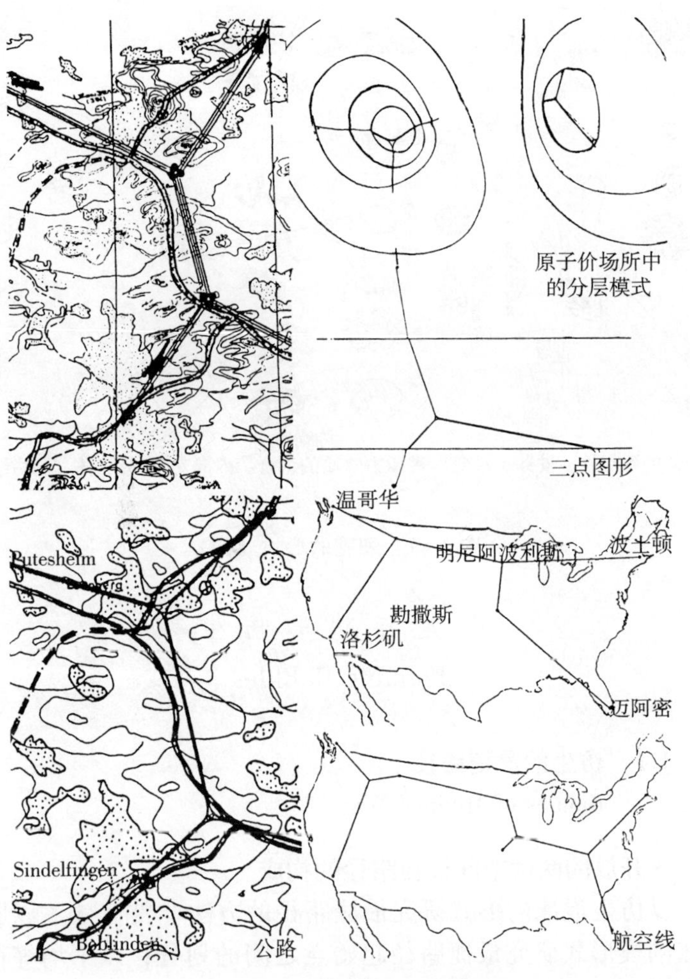

图 2－2a　公路与航空的最捷径

自然界中开放体系的两点图形的组合中发现最捷路径，也可由自然界仿生点图形发展得出最捷路径。或由一个四点图形发展而来的最捷路径。例如在小城市的路网改造中，由自然形成的最捷路径发展为包括 12 条高度组合的小城市的路径体制组合。如图2－2b中已被时代道路所推导的高度组合的小城市最捷路径体制的平面。

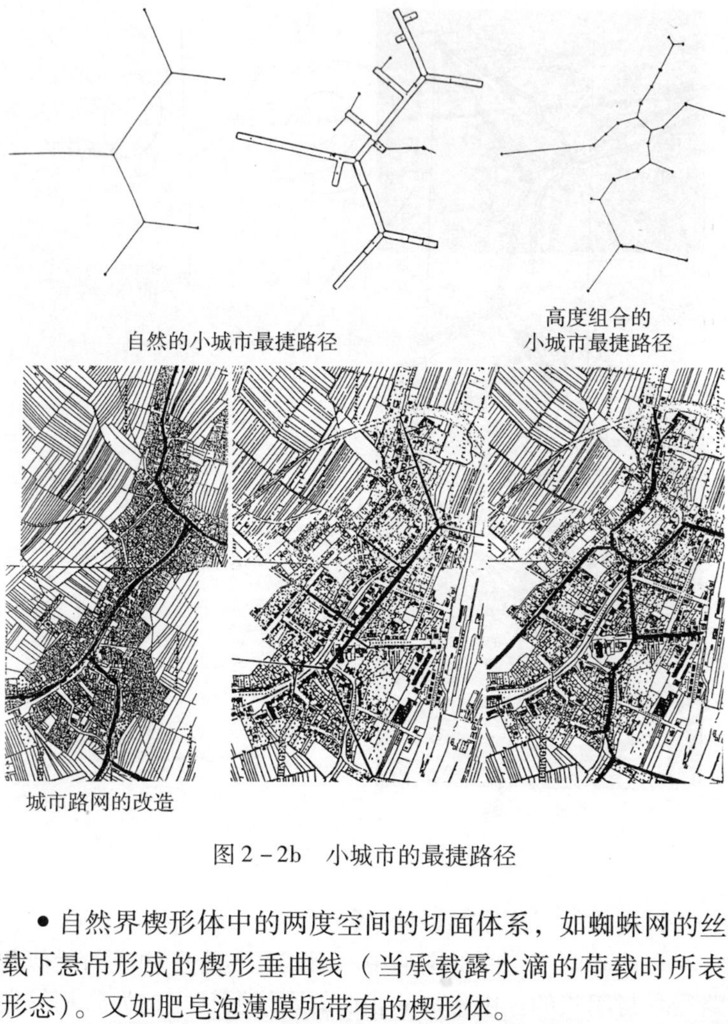

自然的小城市最捷路径

高度组合的
小城市最捷路径

城市路网的改造

图 2－2b　小城市的最捷路径

• 自然界楔形体中的两度空间的切面体系，如蜘蛛网的丝在荷载下悬吊形成的楔形垂曲线（当承载露水滴的荷载时所表现的形态）。又如肥皂泡薄膜所带有的楔形体。

• 悬垂与悬链相似的楔形曲线所表现的图形，图 2－2c。

在一些研究中，许多形式只与泡沫薄膜切片的一部分相关，如悬垂的线，楔形的线则是液体弯月形面在斜面上形成的边界。如马蹄形和拱形均与泡沫仿生有关，图 2－2d 为摩尔人的建筑造型所表现的马蹄形和拱形。

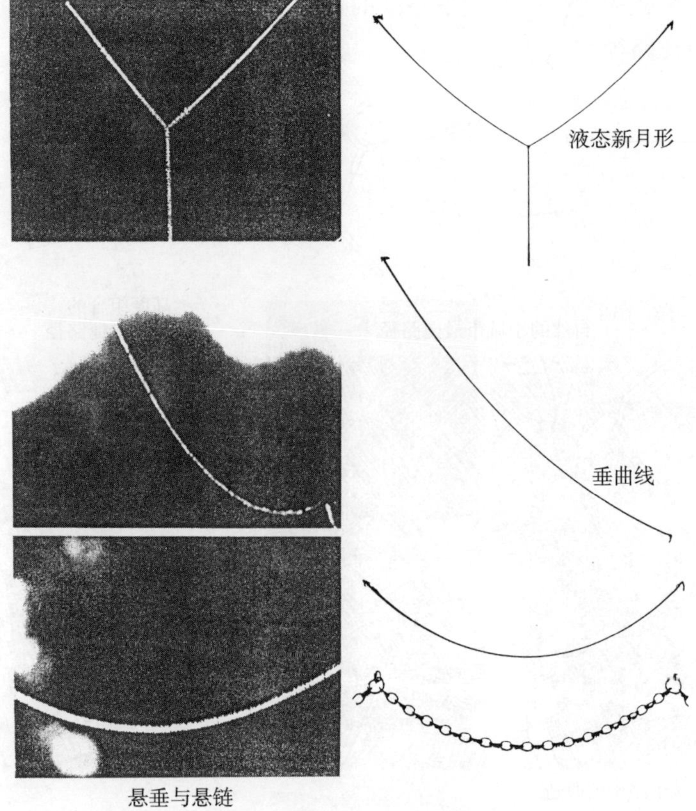

图 2－2c　悬垂与悬链

• 封闭式的二度空间最捷路径

在自然界两度空间的图形中，组成开与合所构成的近似六角形路径是封闭式的。由附加的相似的网络所建立的大致相等大小组成的封闭体制，也出自肥皂膜的模式。如同在土壤和混凝土的多样裂纹的图案中形成的封闭形式，最捷路径由其开与合的网目所形成。因此有的城市道路体制是由多种大小尺寸不规则的开合网目组成的（图 2－2e）。图 2－2f 就像蜻蜓的后翅，翅膀的主肋图案的模式，内部有转接的扇形主肋，又有由封闭路径体制组成的气泡式组合形式。其他如自然界中楔形体中的两度空间的封

闭式形式体制，可在三度空间的道路体制中找到与之相对应的仿生最捷路径。

图 2－2d　摩尔人表现的马蹄形和拱形

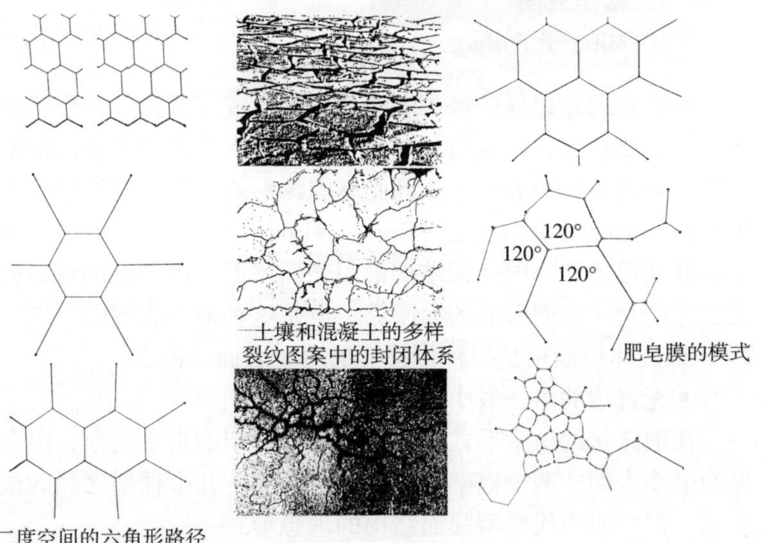

图 2－2e　开与合网目形成的最捷路径

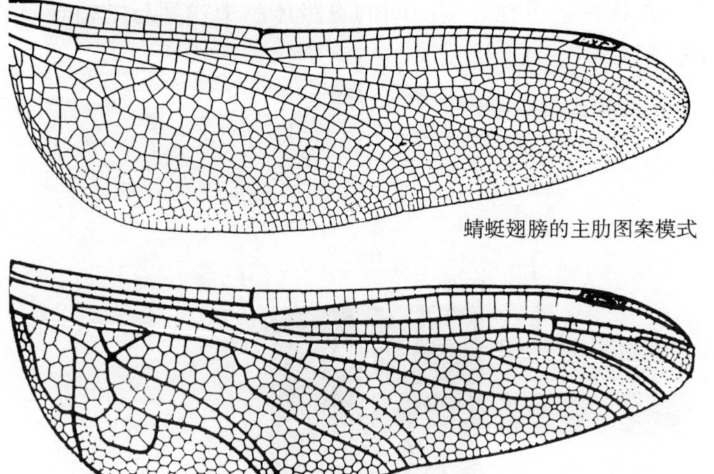

图 2 – 2f　蜻蜓的后翅

4.2　最小表面

Minimal Surface

• 带有劲直边界的最小表面的仿生对现代膜面结构形式的创造具有重要意义，以直角和锐角连接同等大小的两个半圆形框架支撑所形成的最小表面，如同肥皂泡沫形式中的网格线形状的仿生。例如伯曼戈兰德教堂（Bremen-Grolland）为索网结构，由两个半椭圆形拱支撑的悬索结构最小表面屋面。由劲直的弯形钢框架支撑的封闭膜面形成的太阳棚，也是这种最小表面的一例。图 2 – 3 螺旋体表面也是一种带边框的最小表面的曲面。

• 无直边的单一最小表面

在泡沫状的仿生形式中有自由边界框架的最小表面；组合边界的最小表面；两个框架之间的最小表面；几个框架之间的最小表面。都构成现代轻型膜面结构的理想形式。

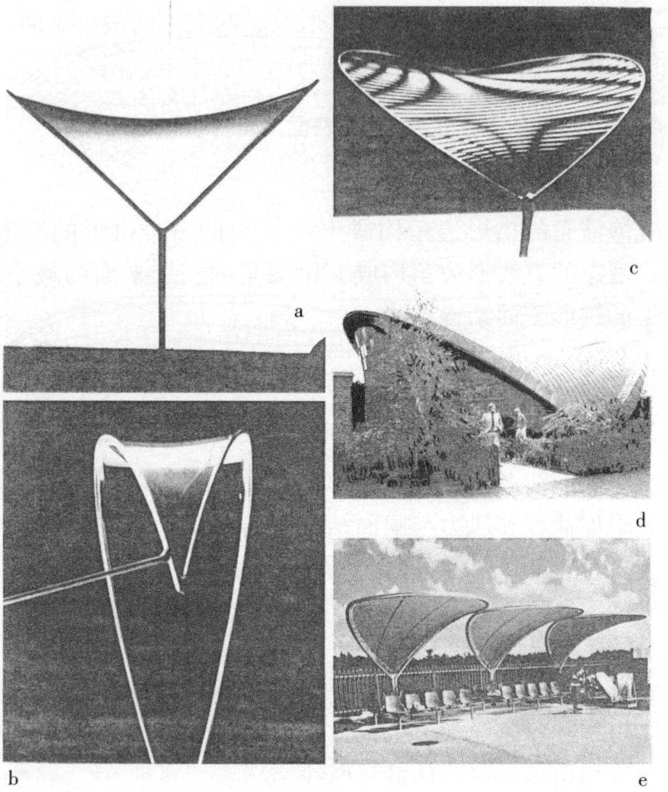

图 2－3　最小表面

a、b—简单的最小表面；c—泡沫形式中的网格线；d—索网结构的教堂；e—封闭膜面的太阳棚

4.3　最小表面的支撑

Supports

在泡沫状仿生形式中，由于支撑结构的不同，可产生多种形式的最小表面的膜面，包括由高或低点支撑的最小表面；使用胞体支撑的最小表面；使用环眼支撑的最小表面；使用劲直的杆件支撑的最小表面（支点帐篷、简单窄面帐篷、伞、双窄面帐篷）。由劲直的杆件或山谷形支撑的最小表面；有波浪形、平行

波形、水平波形、横贯形波、星形波、网支撑的最小表面。各种不同的支撑形式构成最小的表面。

4.4　泡沫膜层拱形的最小表面
Lamellae Arch

气泡液态的拱形边角构成120°夹角的三个拱形的气泡最小表面；液态的直线形边角构成120°夹角的三个平面的最小表面；是常见的拱形膜面结构形式。

4.5　表面荷载
Loads

泡沫表面荷载包括自重、外部荷载、风力荷载、肥皂膜承载自重、附加荷载和风力与膜面结构荷载近似。

4.6　胞体
Pneus

对气泡和水滴的研究，不仅是其仿生的最捷路径和最小表面，还包括其封闭的体制——气泡、水滴、胞体、胞体片断面；气泡劲直的边界——胞体的片断线。

5. 生物学与建筑学
Biology and Architecture

生物学是自然科学之一，建筑学具有综合性和规划性特点。当建筑学与其他新知识领域建立联系时，传统的规划设计方法便不能满足新的功能要求而必须有所转变。当今的建筑师们对生物界专家们的现代综合性学科思想还缺乏了解，也没有建立起对生物学科足够的合作思想。因此生物学与建筑学这一新领域中的新词汇应得到应有的认识和理解。

生物学与建筑学的关系需要认真地清理和分析，这是当前现

实与实践所急需的。环境问题比以前任何时候都更为急迫，事实上，环境问题是生物学中的重要问题。

摩登运动时代，建筑师最大的失误是对生物学的无知和困惑。当今许多建筑师所热衷的规划设计模式，有的甚至比生物学家所承认的“生物化”具有更多的内容，这是由于建筑师与生物学家合作时间还不太长久，但也说明建筑学与生物学的联合尚需一个成长的过程。建筑师只有了解生物学家和他们的工作方法，才能研究当今的生态形势，并从中取得直接的帮助。这是一个如何为人类生存建造良好的可持续发展的生态环境问题。

所有的建筑设计都应以为人类建立最基本的生活需求为最终目标，技术是第二位的。只有这样，建筑师才能真正地完成以人为本的建筑事业。建筑师不仅要把生物学理论在建筑设计中实施，而且建筑要走向生物学化。在生物学和建筑学的广阔领域中，其重要的连接点是形式、结构和发展程序中的成长与形成。在动物与人个性的和群体的结构中。在人的生物——技术的生存空间总和中，均带有多种行为模式或某一种行为模式的生物学特征。

在生物的生存空间中的各种活动总是近于模仿，模仿是人与动物活动的基本特征，人类由模仿的方式再生其自身的形式和方法。历史上的各个时代，生物学的形式常被用作建筑的模式。在世界上形成各个历史时代环境中都表现为视觉可见的经验形式。世界上的多种多样的生物学的基本形式特征，多由广泛应用的格式塔心理学的形式所描绘。自然界中非有机的形式，石头的微分子，山脉和星座等等都被定义为僵硬的外界图形。在人类活动的形式领域，包括技术与艺术的形式领域，现今都快速地发展着。只有那些可知的生物学形式与人类的建筑形式密切相关，所有的可见的生物形式、植物的和动物的，从局部可见其全体。如今，建筑师无法回避这些生物体系中形式的魅力，已经产生了如生态窑洞地下空间、太空舱和节能建筑等的生态建筑学。生物界的形式与建筑之间的关系，不只是简单视觉经验的形式效果；而应更注重以相似性为基础，探索同等价值的形式再创造程序。技术的

与生物的选择程序之间有基础性的联系。

在生物的形式世界中，以突变和选择性规律为特性，任何物质材料的形式，均具有超距离传递力的性能。小型物体比大的物体传递力的性能小，但与传递力的强弱无关，因此这对研究轻型结构力的传递性能十分重要。在引进生物学技术方面，两度的空间结构中，均能找到结构领域中所期望的形式。如许多平面的承重结构，可划分为两个结构领域：膜和壳。膜是软体的，只能张拉，易于操作；壳是坚硬和固板的，能承受任意方向的拉力，但需要用较多的材料。

张拉的平面承重结构在生物学中有多种多样的内部与外部图形、软毛表面和内部充满空气和液体的囊泡、蛋、幼虫、爬虫和毛虫等，表面经常由薄组织层封闭，其他形式的蜘蛛网也属于这一组形式。

众所周知，很久以前就有了帐篷、航帆和遮阳篷、气球、降落伞和依靠充气轮胎行驶的 10 亿辆汽车……，只是到了近些年，人们才开始研究发展膜结构和网结构的设计原理并进行了实践。然而已经证明，轻型生态结构的尖端领域以最低的能耗与优良的经济价值发展了结构的全新组合形式，图 2－4a。

张拉结构的表面是人类与生命体常见的表面，它的形式是人类对自然的反映，然而膜结构要遵循膜结构自身形成的规律。但人体的外部形式则更为多样，更具个性特征，人体的表面是接受外部环境和刺激的表面，具有感性特征，所有人体的感性器官都由“胞体结构”组成。图 2－4b 所示为一个男人骨骼的构架和马的骨骼构架。马腹由肌肉的伸张杠杆而可以活动，这也表现了人类身体结构（R 为背部肌肉组织，B 为下腰部肌肉组织，K 为胸）。人体的结构概念，很适合建筑的组合关系，是典型的骨骼与肌肉的结构。

瑞登托尔（Redentore）的古典法院建筑，尼舍尔姆（Neresheim）的修道院教堂平面都是“环节”的组合，可看作是接受了一系列生物学相似部分的思想。“环节”如细胞分裂的方

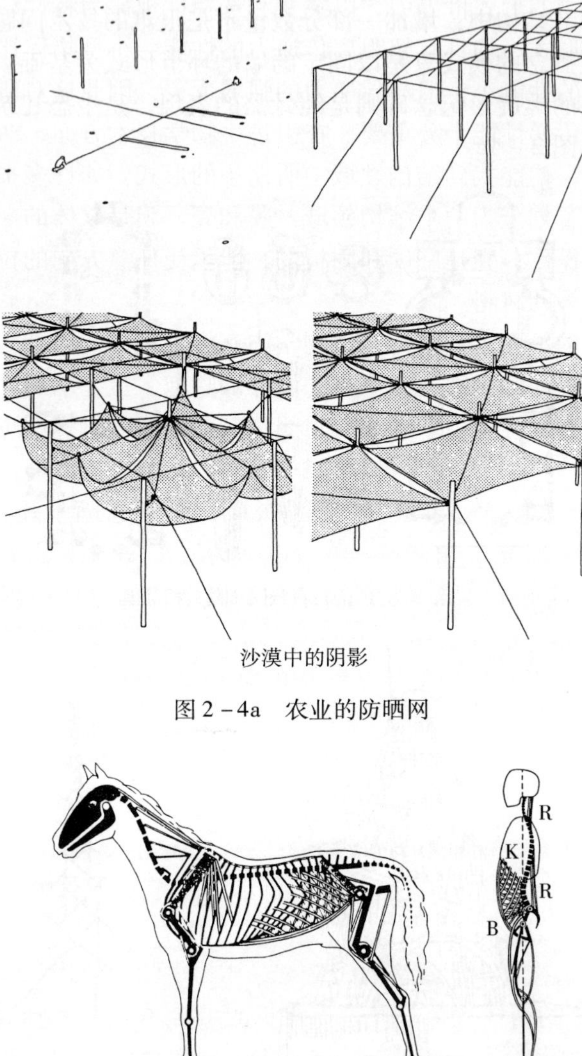

沙漠中的阴影

图 2－4a　农业的防晒网

图 2－4b　典型的骨骼与肌肉体制

式，由生物体系进化的假想出现的复杂的平面形式，在这种伸长的细胞环节结构中，增加一部分数量不是很难的技术问题，因为这种建筑概念的模式只是以固定的墙的环节形式为基础。俄罗斯构成主义的螺旋形纪念碑则是纯骨骼的表现，是生态建筑的生物学模式，图 2－4c。

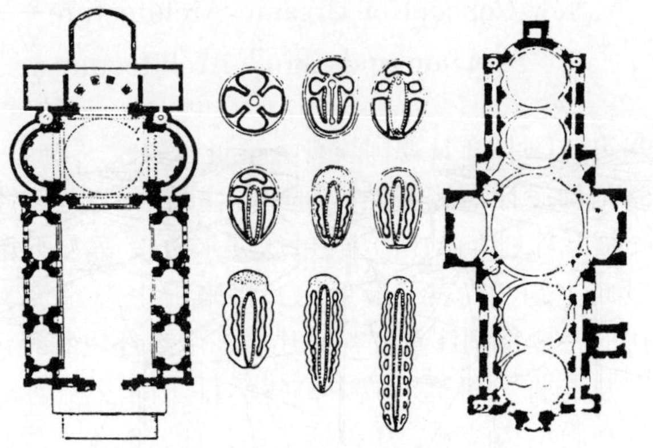

“环节组合”的古典法院和隐修院教堂

构成主义的纪念碑

图 2－4c　生态建筑模式

生物学与建筑学之间的对话，当代极为需要。虽然生物学与建筑学的合作尚不全面，至少，生物学家和建筑师在进一步的解说中可以交换语汇。

6. 有机建筑学的新概念——“皮与骨”建筑

A New Concept of Organic Architecture——“Skeleton and Skin” Architecture

1998 年 11 月 19 日德国埃森大学贝尔教授（Prof · Baier）在埃森大学结构设计与轻型结构研究院主持了“皮与骨”的建筑研讨会，展示了他们的研究成果。贝尔教授等人所建立的“皮与骨”建筑主题，代表了最近的和将来的生态建筑所展望的方向。研讨的主题特别注重皮与骨建筑在生态环境和经济方面的意义。在“皮与骨”建筑领域中，各学科之间发表的论文超出了轻型结构与膜结构领域，还包括了如设计、艺术、生物学和医药等与生态建筑有关的主题。把建筑比作生物的有机体，应该认为建筑有特殊的构成要素：

骨骼——承受力的体系；

皮肤——外围护墙体和屋顶是人的皮肤、衣服以外的第三层表皮；

有机体——新陈代谢废物排除的循环及其支撑系统。

“皮与骨”建筑的内部协调以及不同的组合学说，是建筑进化与发展的结果，生物结构的进化，需要一步步长时间地发展，然而像承载力的膜结构等轻型结构体系那样的生态结构技术，只用了几年的时间，便在 20 世纪得到了长足的发展，这是由于以“尝试和失误”的经验所取得的进展。

过去承重结构部分常常是笨重和超大的，以保证安全。到了现代，在材料知识、计算和实验方面的进步，才能用最少的材料达到最理想的设计外形。当今越来越时髦的“智能体系”结构，意味着膜结构伴随着气候的、经济的以及生态功能方面的优点，

建造了许多优秀的实例。

贝尔教授在会议的开幕辞中指出，有机体的效率可由调和其间的组合而产生。同理，建筑可比作生物的有机体来设计。有机体的发展进化程序决定于内部的骨（支撑结构）与皮（包裹层）之间同步的合作适应的组合。因此他们选择有机体的“皮与骨”作为主题来表明建筑结构设计程序中的各种依存组合关系。讨论会的主题划分为4个组：人与艺术、造型与改建、自然与工程以及结构与膜。从各个不同的领域进行深入研究，如医药、生物学、仿生学、艺术、设计、建筑、土木工程以及城市规划。此外，还讨论了皮与骨的生态结构含义，进而引导出设计轻型结构和节能的生态建筑。现代的土木工程，已不再需要区分“老”的建筑材料，如木料、石料和“新”的建筑材料，如钢、玻璃和塑料。关于对形式美的判断，如线形或两度空间构图要素以及它们的承载负荷能力，也显得不太重要了。建筑结构有机组合的合作与合成能力才是这种新理论的经验脉络，图2－5。

- **从部分到全局，新的处理手法**

当重建建筑骨骼系统时会发现，全部骨骼系统的个别部分的功能可能影响生命体的其他部位。因此，生命体“皮与骨”之间的内部联系及其功能，决定了有机体的物理表象，由此转变了传统土木工程师与建筑师考虑设计的程序。

- **表皮的感应**

动物的外部表面以表皮包裹着有机生命体，并保护它以抵抗外界的环境侵犯，因此，皮肤是有机生命体周围环境的基本边界。不同的动物组群有不同的表皮，如壳质外皮的昆虫、脊椎动物外表面的角蛋白和弹力素、有的还有反化学的保护作用，能反映外界热量的或机械力的影响，同时它们会在水与气的变化中而复杂化。由于生物表皮集成一定数量的神经末端，皮肤成为一种能够感知述说外界环境的表面。

建筑的表皮也应像有机生命体那样做成有感知的设计，以保护内部的生活空间。人是非常完美的生物，需要关注保护其生存

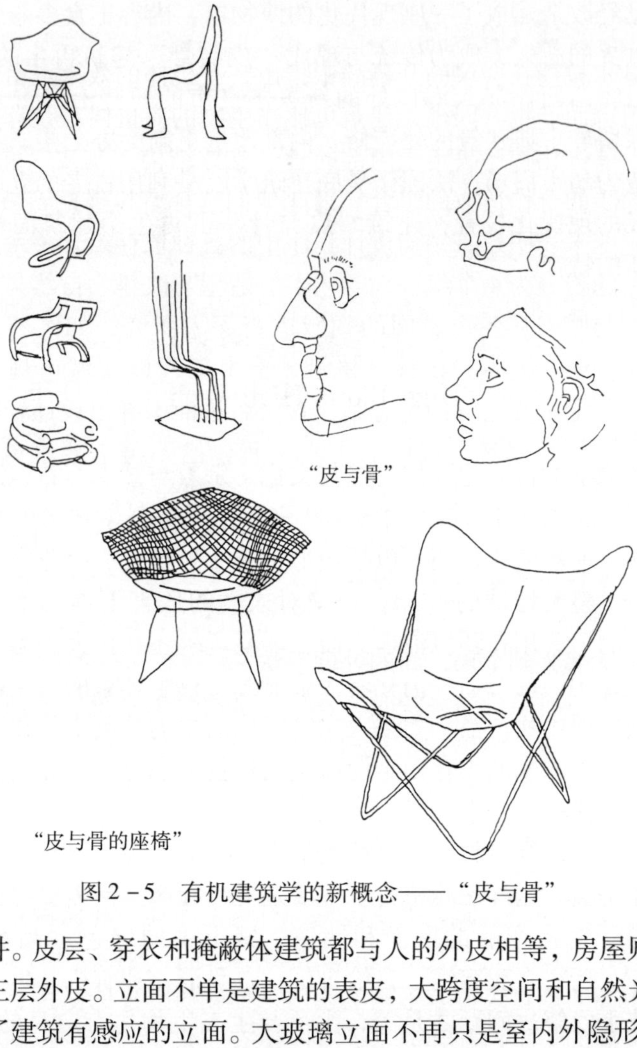

“皮与骨”

“皮与骨的座椅”

图 2－5　有机建筑学的新概念——“皮与骨”

的条件。皮层、穿衣和掩蔽体建筑都与人的外皮相等，房屋则像人的第三层外皮。立面不单是建筑的表皮，大跨度空间和自然光感都构成了建筑有感应的立面。大玻璃立面不再只是室内外隐形边界，而是建筑有感应的表皮，玻璃传递的能量和信息取决于外部环境条件和使用的需要。太阳能、光、热和光导孔镜原理得以应用，视觉的感受等也广泛地应用于生态的“皮与骨”的建筑技术之中。

• 皮与骨的再生

德国埃森（Essen）最后的煤矿“Zollverein”关闭于 1986

年，已经改造建成了一座现代化的博物馆，内容丰富多彩，吸引着全世界的游人，成为传统与现代“皮与骨”建筑再生的范例；美国沿密西西比河入海口处的新奥尔良市的一些沿河古老的仓库，保留着古典建筑的外装修，内部改造更新为办公楼，河岸码头改造为超市商场；法国诺曼底建筑学院是利用古老的仓库厂房改建成的现代化校舍，建筑“皮与骨”的再生给建筑面貌带来了全新的特征。

7. 高生态即高科技

High Bio is High Tech

生物学的进化趋向把自然与文化、宗教与艺术等意识形态方面的因素也纳入本体系之中。100 多年来人类科学技术的发展使 20% 的土地沙漠化，还不包括城市化的无限扩大。工业主义的潮流占据了整个地球的 1/13，环境对人类的危害不得不使德国人将产值的 1/3 用在环境治理方面，环境危机还在扩大。当今的科学技术还用旧的习惯，消耗着大量能源。科学体系的进化提示人们必须发展生物产品，如果人类家庭生活中的产品生物化了，人类必将为了未来的生存而走向深层的科技生态化，因此我们说高生态即高科技。

高生态即高科技的口号可概括为，生活是美、绿是美、解决问题才是美。这样三句格言。生活是美，社区生活需要绿色的城市建筑、生物产品的屋面和墙壁、城市中的绿色食品和生态村……，还有自我容纳、自给自足、自我消化和有机共生。运用高科技手段解决问题才是美，生活与生态生物化有自身的联系，要养成人们生存循环的发展观念。

绿是美；

生物化是自动化；

高生态即高科技；

爱你的生活；

爱你的环境就像大树加蜜蜂那样。

根据当前国内外城市环境可持续发展研究的趋势，展望城市环境与建筑发展的未来，促进建筑学与生物学的交融，建立生态建筑观，具有时代的意义。

8. 仿生的生活空间

Bionics of Living Space

人类生活空间之美不在空间形式的外在比例、立面分割以及视觉效果，而是来自人们内心世界的爱与真诚散发出来的完整的生命造型。自然界的材质大多是中性的，原本无所谓好坏之分，全在于设计师对材料的运用是否得当，全在于设计师自身素养和品位的追求。中国人讲求“空”、“虚”，常让出一个空间来留有余地，让观赏的人自己去思考。创造生活空间的目的也正是创造这个思考的余地，没有思考余地的空间也就不是生活空间。人若是处在复杂而紧张的状态中，怎么还会有闲情乐趣呢？空间既是空的，它就一定会涉及到“动”，是一个有动态的空间。把一个空间塞满了就是“死空间”，死空间没有动，所以真正的空是可以从“静”到“动”，又从“动”到“静”，生生不息地循环下去。因此，生活空间一定要有“空”有“虚”，它才有“活”和“动”，图2－6a。

怎样创造“虚”和“空”的生活空间，借鉴仿生学是一种有效的方法。仿生学（Bionics）一词是美国空军军官J·E·斯蒂尔1958年首创的词。仿生学研究制造具有生物特征的人工系统，并非一门独立的专业科学。建筑仿生即研讨以生物为模型的建筑学。从大自然的生物中寻求启示以供制造人工系统作参考。模仿是仿生的基础，如飞机机翼设计思想来自飞鸟，船舶采用鱼尾形推进器，可在低速的情况下取得较大推力。建筑的仿生可能起源于原始时代，当代的仿生学在信息处理与能量转化等方面成效卓著，图2－6b。

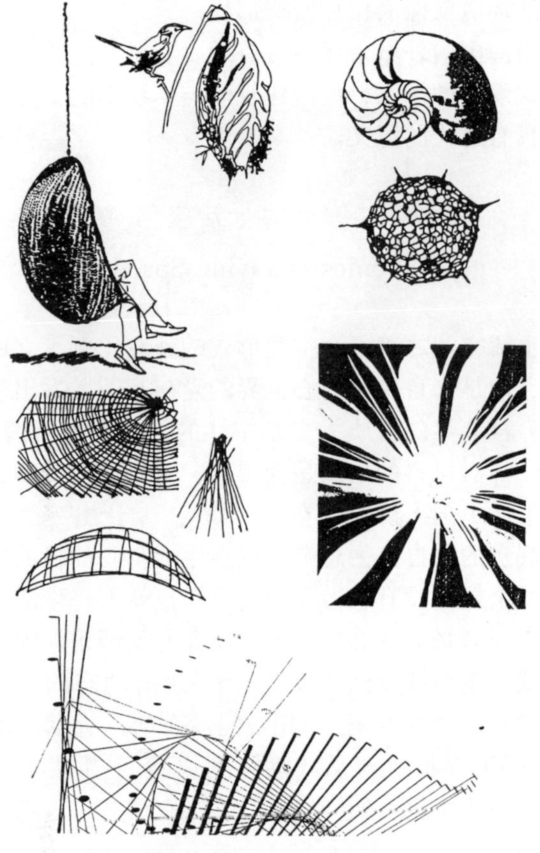

图2－6a 仿生与休闲

原始人类的居住空间大多来自对大自然生态的模仿，如：穴居、树上的家、水上的家、地下的家、原始的木屋和谷仓，无不来自对大自然生物生态的模仿。当今的飞机和潜水艇也没有离开鱼类和鸟类的外形。建筑空间的结构造型与仿生学有密切的关系，帐篷结构、悬吊结构、半木屋架、桥梁、膜结构、地道、蜂窝结构等等，很多来自对自然生态形式的模仿。以鸟巢为例，园丁鸟像是个庭园建筑师，从选巢址建居舍乃至外围装饰，构成一座十足的鸟的“庭园”。织布鸟巢悬于树枝或棕榈叶上，编织成

吊兜状的悬巢。见到这些鸟的空间及建造技术与行为，我们能得到什么样的启示呢？图2－6c。

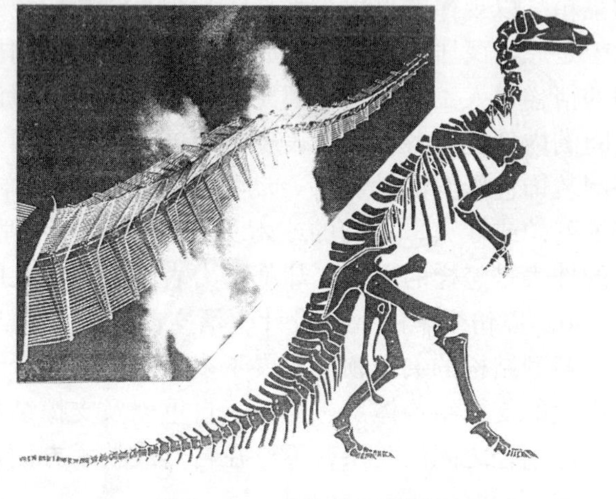

图2－6b　仿生的空间雕塑

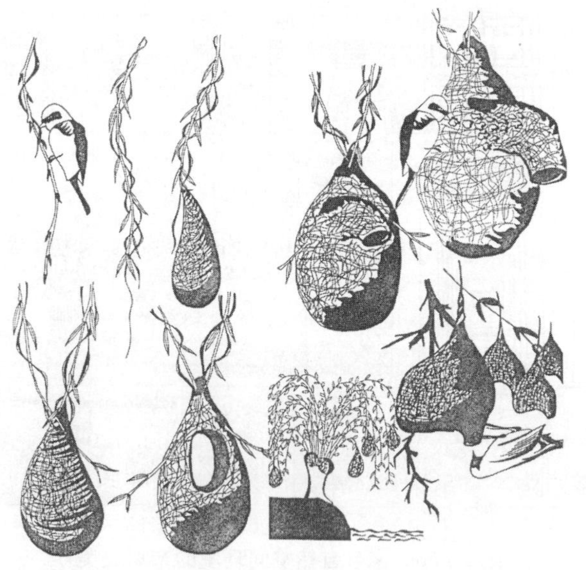

图2－6c　鸟巢与环境

几何学是大自然中的数学图形的抽象，现代化的生活空间也可以从几何学的分析中寻求根源。许多近代结构的构成就是一座几何形的巢箱，以规律的直角、水平线和垂直线或曲线的形体构成。仿生曾是原始民居发展进化的原动力，仿生的空间构成更加具有休闲的情趣，人工环境从来都充分表现了仿生的想像力。人类居家空间的内部也用各种手法表现其装饰性，正像园丁鸟在自己的巢外围装饰色彩鲜丽的花卉，动物也有爱美和装饰的本能。室内的传统壁炉或灶火，石砌的或木头与竹材编织纹理的壁面，无论房子的外表是怎样的无情，却都努力表达居室内在的亲切之美，图 2 – 6d。以仿生学的观念设计生活空间，是自然与美的统一。仿生的轻型结构的尖端领域发展了多种多样的组合形式。从自然生态衍生的支撑结构体系、荷载、自重以及支撑结构中力的传递，有效地途径之间的关系，不论在自然或技术方面都比较优异，图 2 – 6e。

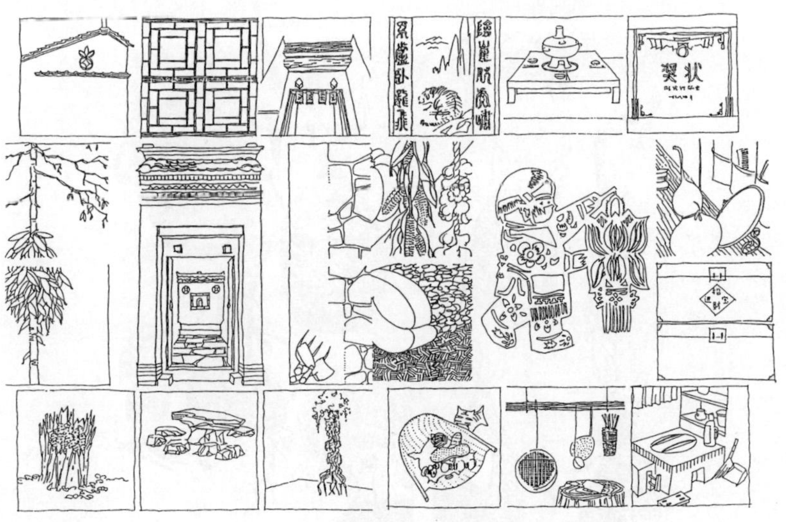

图 2 – 6d 来自自然空间环境的亲切之美

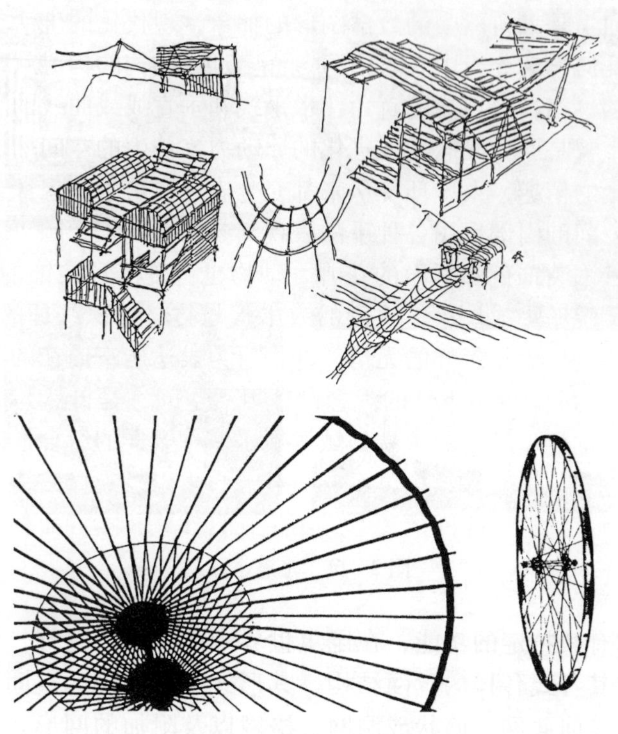

图 2－6e　仿生结构

仿生空间创作可以划分为两个结构领域——膜和壳。网络壳可自成形式，空间曲面的外形构成独立的形式；并具有平衡的外貌，网与悬挂的张力之间存在着张力的平衡状态。网索结构系统来自有生命的自然领域中常见的形态。链是线形的无支柱的支撑要素，链下悬挂在两个固定点之间承担它自身的静荷载。

帐篷是另一种常见的张拉结构方法，伞、折板屋盖都是特殊形式的帐篷，图 2－6f。

充气的空间可用开敞与封闭的膜顶或帆顶，在各类工程实践中应用广泛，用于休闲小品情趣多变。

对网体的传统认识是物体能从网中穿过，从技术上说，组成网眼的张拉丝线的结构应该是非常灵活的。蜘蛛与昆虫的丝

图 2 – 6f 帐篷小品

和网均有其特定的功能，在昆虫世界中的甲虫、苍蝇、蝴蝶等等，有其各式各样的丝网结构。其形式有平面网、空间网、片网、特殊曲面网、筒状或洞网、格网以及附加的网形式等，可创造丰富多样的网体造型。纤维与绳、丝、线、弯条、带、平行的束、辫子绳、链以及其他形式，其张拉的强度和灵活性非常广泛。可充分利用纤维材料编织美丽的图案或形成闪烁的光影效果，图 2 – 6g。

膜结构是模仿自然界中胞体的技术，是一种只承受拉伸力的封闭层面作为结构体的形制。结构形式有许多组合的形式，图 2 – 6h。

仿生生活空间要求具有可适应性，要使结构具有灵活性。减轻外部结构的重量，就像帐篷结构那样，可移动又有适应性。最好的仿生生活空间应是较小的、独立的、直接的、快速灵活的有机组合，就像现代工业社会中的信息交流。同样，在生活空间设计中要注入由快速反应程序和高度应用技术组合的

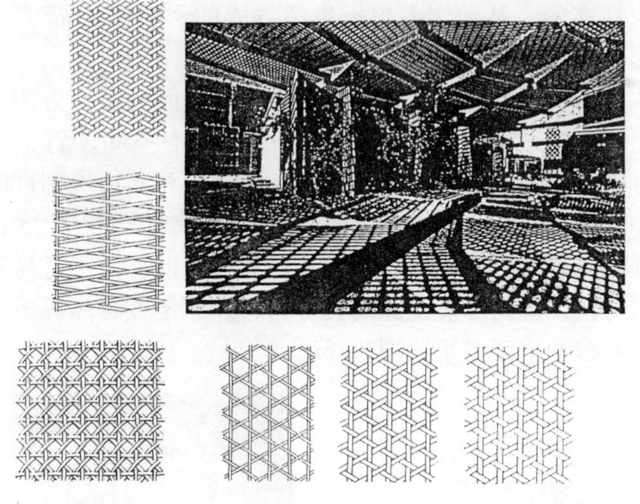

图 2－6g　编织的壁面和阴影

图 2－6h　张拉膜的休闲小品

可适应性空间，从使用者根据生活方式的影响找到简单有趣的结构形式。

原生材料的使用是创造生态仿生结构空间的重要方面，同时又适用于建造“虚空”空间和“活”的生活空间。竹、木和泥土都可以回复到大自然中而不污染环境，钢材和玻璃则可以回收再循环使用。竹材生长迅速，易于制作、运输及贮存。木材在某些地区已实现大批量生产，是良好的天然资源。黄土是易于切割的坚实材料，也是冬暖夏凉的良好材料，原土在自然界提供了最直接和紧密的生活需求，图2－6i。

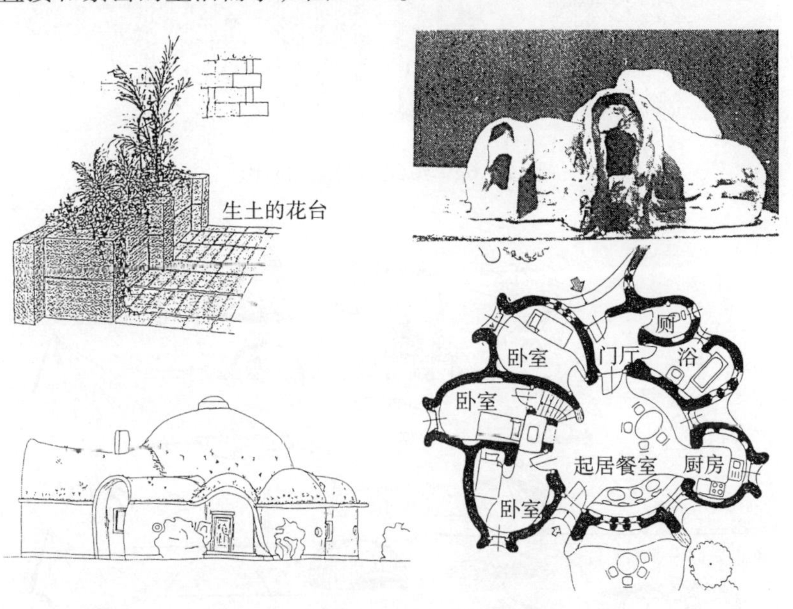

图2－6i 黄土的花台和洞穴空间

可灵活开合的空气幕空间，可以保护人们活动中非常有特色的防雨雪装置。不用实质材料，看不见的透明空气幕，在一些特殊场合下，不用空调、制冷或采暖，可以达到对气候的总体控制。看不见顶篷的被保护的空间中的感受足以令人惊异！现代的喷水池景观有时也加上一股气流，使向上的水柱改变方向，造成

奇妙的有转折的喷水景观效果。

从建筑发展的历史上看，建立人类与自然界之间的真正平衡关系，以新世纪新的生态可持续发展的观念，创造仿生的生活空间，已经成为现今环境空间所追求的新趋势。我们要以明智的态度，面对“人类和自然与技术”引导环境艺术走向新的时代！

第三章 生态结构

Bio-Structure

1. 轻型结构

Lightweight Structures

1.1 生态学与建筑，自然与技术

Biology and Building, Nature and Technology

许多优秀的历史性建筑之所以引人入胜，不仅因为它们的结构形式具有历史性意义，而且这些建筑所采用的施工方法和施工质量也都十分高超。例如葱头顶和大拱券，尖拱和悬挑技术，各种梁架的支撑体系都是精采的结构要素，均有其自身发展的历史和进步的历程。

对多种结构形式的观察与分析都可以看出，其发展的程序有生命的自然程序和无生命的自然程序。过去，人们只关注其物态方面而忽略结构的生物遗传的影响。研究生态结构的理论基础是把“胞体（Puen）看作是大自然中生命的基础”，研究工作都围绕着这一生物性主题。例如，自然界中骨骼的生成与设计，树木的生长形态与设计，鸡蛋、花冠……等等均包括在其中，图3－1a。

观察肥皂泡自身形成方式的实验，可以寻求产生最小张力的表面形式。网格、帐篷、充气大厅，许多迷人的结构形式能否运用数学的方法测算出其最小的表面，带来了至今尚未解决的设计问题，只有在仿生实验中能够求解。从自然生态衍生的支撑结构体系，荷载、自重以及支撑结构中力的传递有效的途径方面，不

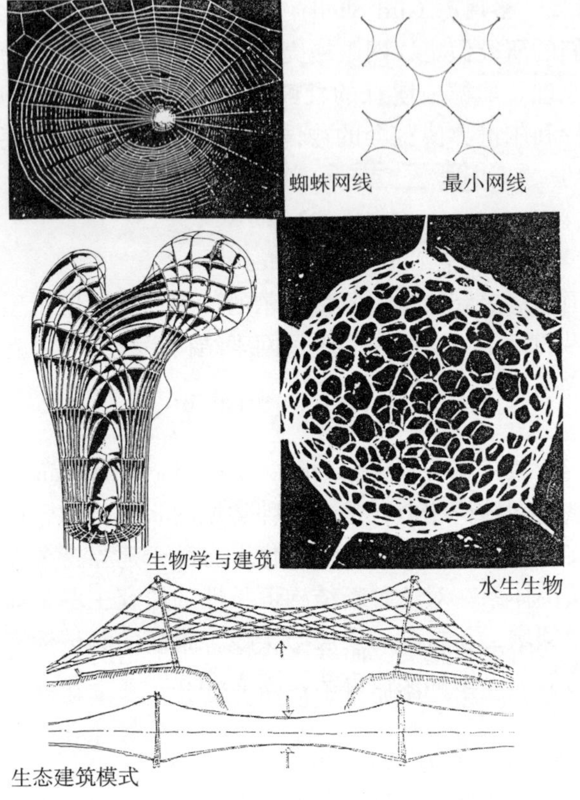

图 3－1a　生态学与建筑，自然与技术

论在自然或在技术上都应比较优异。

1.1.1　可变动的屋面 Convertible Roofs

在发展帐篷结构方面采用膜面制作可变动的屋面，是一项艰巨而有趣的任务，近年来数百座这样的建筑已经建成了。其中，1976 年法国建筑师罗杰·特里伯特（Roger Taillibert）为加拿大蒙特利尔奥运会设计的大体育场，运用了可变动的大跨度帆布屋面已经成功完成。它成为自此以后引导建筑师和工程师们研究发展这种可变动屋面结构进一步发展的重要实例。

1.1.2 格网壳 Gird Shells

我们的研究假定，网眼格壳是根据自然下挂悬垂的网眼提袋倒置的原理。如德国埃森的杜鲍（Deubau）展览厅，1967 年加拿大蒙特利尔世界博览会的德国馆也都是这种结构体系的实践，都很成功。

1.1.3 网与索 Nets and Cables

德国慕尼黑和加拿大蒙特利尔的许多大跨度网索屋面都得到了全世界的肯定。这些作品显示网索结构系统是来自有生命自然领域中常见的技术，仿生技术。

1.1.4 最小膜面的帐篷 Tents, Membrances and Minimal Surface

帐篷与网结构相似，是另一种常见的张拉结构，可使用工厂生产的支撑立柱，工业化、产品化，有助于建立持久发展的悬挂式帐篷结构体系。对这种新结构恒长性的研究主题是如何发展其新的应用领域，新材料的发展与实践，膜面的测试标准的确认和这种结构的节点细部交接方法，图 3 - 1b。

1.1.5 充气大厅 Air Halls

充气结构体系中的材料及细部发展越来越多样化，可建造开敞与封闭的多种用途的膜顶房屋。在水利工程的充水和充气等方面，也与充气大厅和帆布屋顶的利用原理相似。充气的平台、运河堰坝、防洪坝门也都运用这类充气设计原理，特别是在水工工程实验中完成了大量的计算与使用测试经验。

1.1.6 轻结构屋面的类型 Order and Classification of Lightweight Surface - Structures

轻结构的屋面是两度空间的结构体，两度的含义是指两个方向的跨度很大，第三度厚度很小，扁而平的轻结构体屋面。

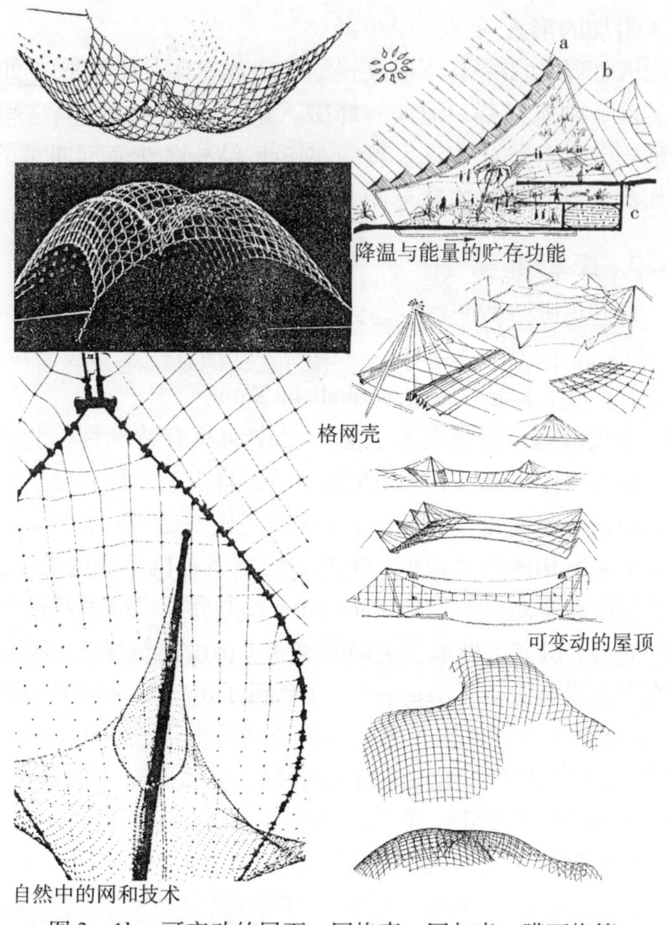

图 3－1b　可变动的屋面、网格壳、网与索、膜面帐篷

• **形式**

轻结构表面可有一二或三度的空间形态，一度的结构体如细长的、长跨的箍和带。绳梯、围栅、预应力张拉桥梁、长筒，以两度的网和膜来构成。围合的两度的结构则构成三度的空间，例如水中的胞体、生物的细胞、气球、充气大厅、帐篷、水桶、鸟蛋、潜水艇、油罐、圆锥尖顶、家具的造型和住宅等等，都是三度空间的表面结构形式。

- **附加的形式**

由表面结构和空洞体形成轻结构表面有附加的形式，如三度空间的网、细胞组群、泡沫、蜂房、建筑体制中的间隔空间，都是附加形式的轻结构表面。常见的轻型结构的表面可能是平的、单曲面的、圆顶形的或鞍形的。

1.2 壳结构

Shell Structures

1.2.1 自然界中的壳体 Shell in Nature

把现代形态遗传学引入生态学之中而具有特殊性，生物遗传的原则和方法不仅涉及到环境的因素，而且由于遗传和分子生物学的研究而进一步深化。虽然当前这些研究成果还非常有限，但与壳体简单平面结构的特性相关，如壳结构类型有机生成的层次区划。在电子显微镜下对水生生物 Radiolaria 的观察，可以说明自然界中壳体的原型，研究这种水生生物而建立了仿生建筑学。一项有趣的研究实例是由赫克尔（Haacke's）对 Radiolaria（一种放射形的水生生物）的研究。这种水生生物具有美观的骨骼形式，就像单细胞的有机体。它们虽然生成相当复杂的骨骼，仍属于简单的有机生物，骨骼的形态遗传生成于一个生物的细胞中，细胞生物学所关注的是它表露的骨骼形成的形式，又像是自然界中的壳体，图 3 - 1c。

1.2.2 Radiolaria 的骨骼形式与结构 Skeleton, Form and Structure of Radiolarians

- 单一形式。球体、向心球体、畸形的球体。
- 附加的形式。Radiolarian 的骨骼由矿物质构成，表现为一度空间聚结的矿物质；二度空间组成的气泡体；三度空间的胞体组合体。
- 骨骼的形式。Radiolarian 的骨骼形式包含由三个胞体的组合，直至 7 个以上的胞体的组合，以及泡沫以外的组合形式。

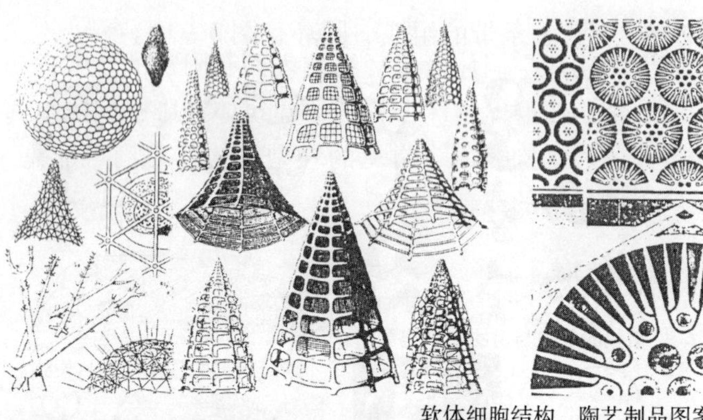

软体细胞结构，陶艺制品图案

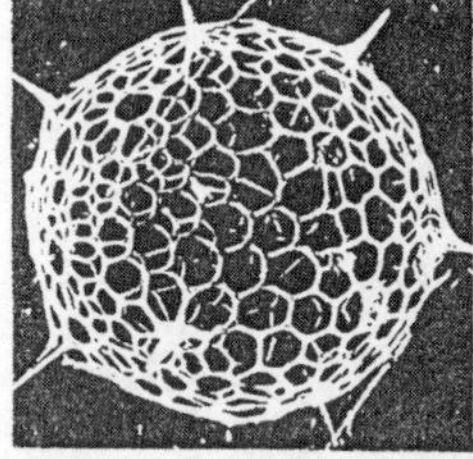

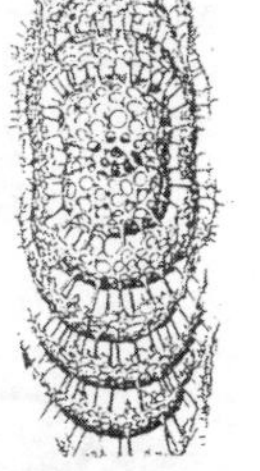

球形的 Radiolaria 骨骼形式，集中式球和重叠式球体

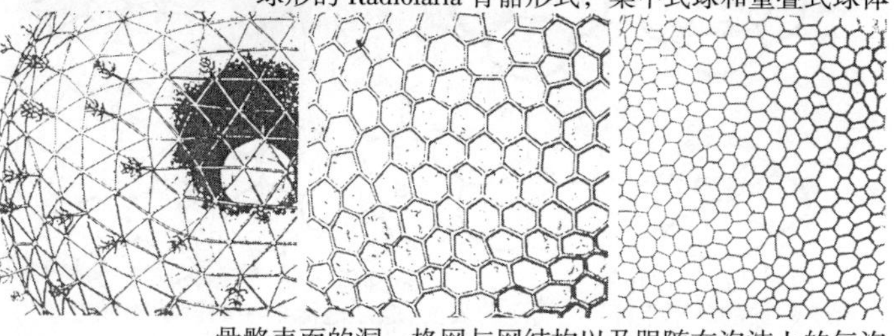

骨骼表面的洞、格网与网结构以及跟随在泡沫上的气泡

图 3－1c　大自然中的壳体

• 下一代骨骼的图形模式。Radiolaria 下一代的骨骼组合有网膜式、含有直杆的形式、铸造型及纤维型。

• Radiolaria 骨骼结构的形式与要素有：封闭壳体、带洞的壳体、穿孔的壳体、圆洞、六边形洞、综合的多洞形式、网格表面有织网形式、织网结构的衍生形式。

• Radiolaria 骨骼表面的结构要素有：脊背、气泡支撑的脊

背、拉伸的脊背、条带的组成、圆环，图 3－1d。

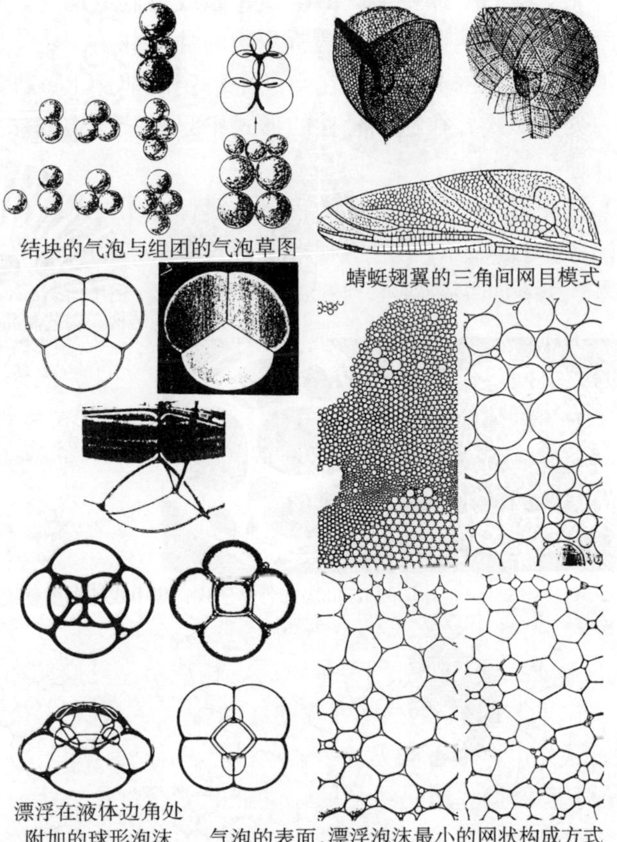

图 3－1d 气泡的组合

1.2.3 壳体结构技术，网格壳 Shell Structure Techniques, Grid Shell

• 网格壳。网格壳是由直杆固定连接的空间曲线框架结构，其工程结构要素是由直杆节点之间的方形网目空间所构成。网壳的形式取自由悬垂网倒置的形式。

• 格壳形式的发现。格壳的支撑特点是无支柱的，通过制作

格网或内部吊件、线丝、索和链，传递轴线拉力，所有的部件都是线型无支柱的支撑要素。由丝线、索或链制成的网，则是两度的表面支撑要素。无支柱的网所承担的静荷载由一个空间的曲面所承担，当几个网节点悬挂在空间中特定的节点上，即形成这种自然的悬挂形式，在这种悬挂的形式中只有拉应力的作用，非常经济合理。

• 格壳设计。格壳设计的程序与目标在于寻求这种几何形式的设计计算公式，对于建筑师来说，这种外形的构思具有鲜明的个性表现力。如果忽视了判断这种结构的经济可行性，人们会说这种结构流于形式而制作困难。这种建筑形式至少可被选用于无目标的大空间，但都要以功能、经济与建设条件为依据。无支柱网壳作为一种建造的模式取决于材料、建造的类型、网目的形式和结构向度。无支柱网壳有多种形式，带有方形（菱形）编织网目的制式的使用是很有特色的。

• 网格壳的基本特征：

（1）自成形式。由于网曲面承力，空间曲面的外形构成独立的形式。

（2）独特性。由于网单独承力，构成单一的空间曲面形式。

（3）平衡的外貌。由网与悬挂的张力之间（自身的静重也作用于网上）存在着张力的平衡状态。

• 下垂的链。链是线形的无支柱的支撑要素，链只承受张拉之力。链包括建筑中的连接件，将相似的大小和重量的连接件连接在一起。链下悬挂在两个固定点之间承担自身的静荷载，链所确定的几何曲线被称为 Catenary。

1.2.4 网体 Nets in General

网的基本特征是自然界织网的多种形式和类型（三角形除外），包括不规则形的织网形式、单一类型的织网、带有几种类型的织网。

• 织网的形式。悬挂网是悬挂式的空间曲线构成，由原来在平

面上的织网形成角度交织而连接成的。在可动的和不可动的网之间有所区别。网目的形成是可动的，只有三角形的网目是不能活动的，因为当三角形织网的角度改变时，节点之间的距离也不一样。

• 格网壳的构造细部

格杆、格杆的连接、结点、固定网格中的对角线、网格中的边角与开口支撑、张拉件的内部支撑、屋面、排水、防火设施等均有特殊的构造，图 3－1e。

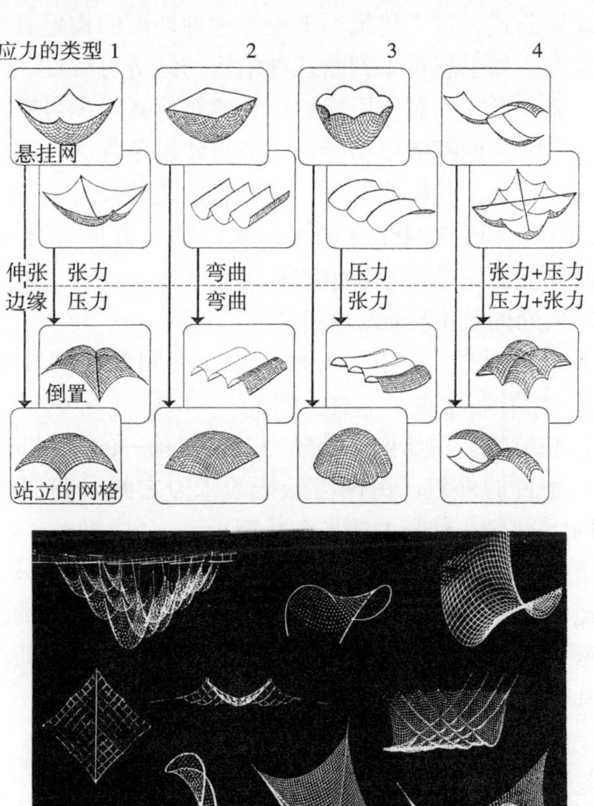

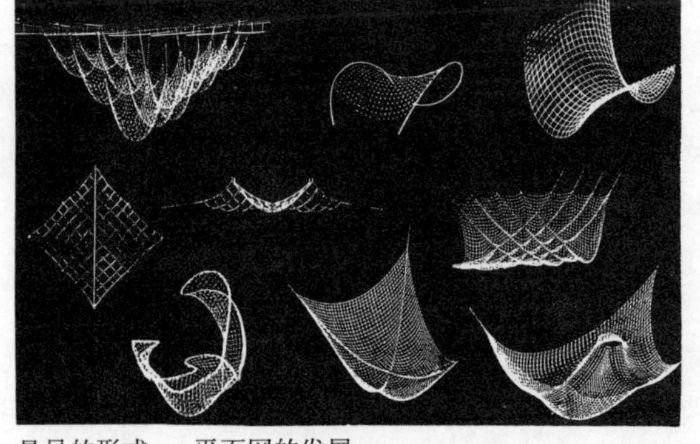

悬吊的形式　　平面网的发展

图 3－1e　壳体结构技术，网格壳，网体

1.2.5 格网壳建筑 Building with Grid Shell

首先，格网壳建筑可以作成多种形式，其次格网壳可不采用封闭壳的外表面，而代之以简单的由构件组成的空间网格曲面。这两项是最基本的格网壳建筑特征，展现了网格壳体支撑结构曲面有变化的本质特性。

（1）网壳建筑在各种气候条件下以及不同的地区均可应用。

（2）网壳建筑概括地体现了所有静态的、结构的和技术的轻型结构特性。

1.3 网结构
Net Structures

1.3.1 自然中的网 Net in Nature

蜘蛛与昆虫的丝和网均有其特定的功能，在昆虫世界中的甲虫、苍蝇、蝴蝶……等等有各式各样的丝网结构。对蜘蛛网结构的观察发现有以下特点：

网的要素有张拉点、节点、网眼。

网的结构要素有网体、网角、网的支撑及绞索。

根据蜘蛛网结构总体结构形式可分为：一度空间的平面网结构、两度空间的网结构、片网、带有特殊曲线面的网结构、筒状网或洞网结构、格网以及附加的形式等，图 3 – 1f。

• 网的技术

“网结构”一词的含义指网在总体结构中是最主要的部分（指力的传递）。对网体的传统认识是物体能从网中穿过，从技术上说组成网眼的张拉丝线的结构应该是非常灵活的。

“网索”是组成网的要素，网索只能承受张拉力，不能抵抗弯曲，网索的形式是直的平面曲线，在空间上组成曲线或弯曲的形式。网索的种类有线形、丝线、特殊形线、索链、带、轮线及链条等。

“节点”是组成网的要素，节点由两个或两个以上的索之间

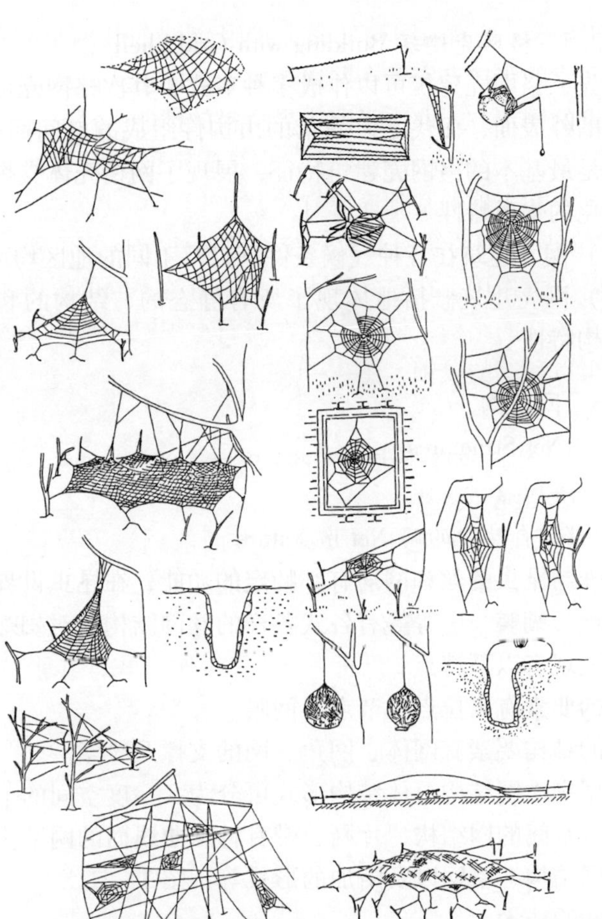

图 3－1f 大自然中的网

的交接处限定，节点是构成网眼的重要要素。

“网眼”是网的组成要素，网眼指索和节点围合形成的线形包围的总称。

• **网的结构要素**

网是由构成网的索和节点组成的网眼张开的巨大结构。

“网边界”是网的结构要素，指限定网的几何形式的边界，经常把网索的张拉点安置在网边界之上，固定式的或活动式的网的张拉点的固定方式取决于网边界材料的性能。

“网支撑”是网的结构要素，它是固定网的安置和支撑网的结构，主要和土地的基础面层有关。

“铰锁”是网的结构要素，铰锁把握住结构的位置，对张拉结构有特殊的作用。在空气、水、土、石等不同的媒体当中，铰锁有各式各样的结构，例如可锁在岩石上固定的基础，或帐篷立杆那样可以移动的铰锁，图 3 - 1g。

1.3.2 绳和绳结构 Ropes and Rope Connections

• 纤维与绳

在“绳”的系列之中主要有两方面的用途：一是保证全面的张拉性能，二是一种灵活可变的性能。此外绳还具有纤维的含义，丝、线、绳、弯条、带、平行的束、辫子绳、链、边廓（圆、洞状、多角交叉等断面），以及其他形式，其张拉的强度和灵活性非常宽广。

天然纤维有花草纤维、蛋白纤维（动物纤维）及矿物纤维等。

合成纤维有以有机原生材料制作的再生材料，以无机原生材料制作的再生材料，以无机原生材料制造的晶体（矿物和金属）。复式合成纤维有合成的细线和线、束，绳的种类有双绳、多种编织方向的绳、适度捻搓和自由伸拉的绳、成束和旋转的绳、闲置的旋转绳、圆形束绳、索绳、辫绳、平绳或弯绳及链等。

• 绳的连接

绳的连接要素包括：节点、交接、边节点、偏差节点、分支节点、终端等，图 3 - 1h。

1.3.3 网眼的构造 Mesh Structures of Nets

在无生命的自然界中，虽然网结构纤维都是张拉性质的，但

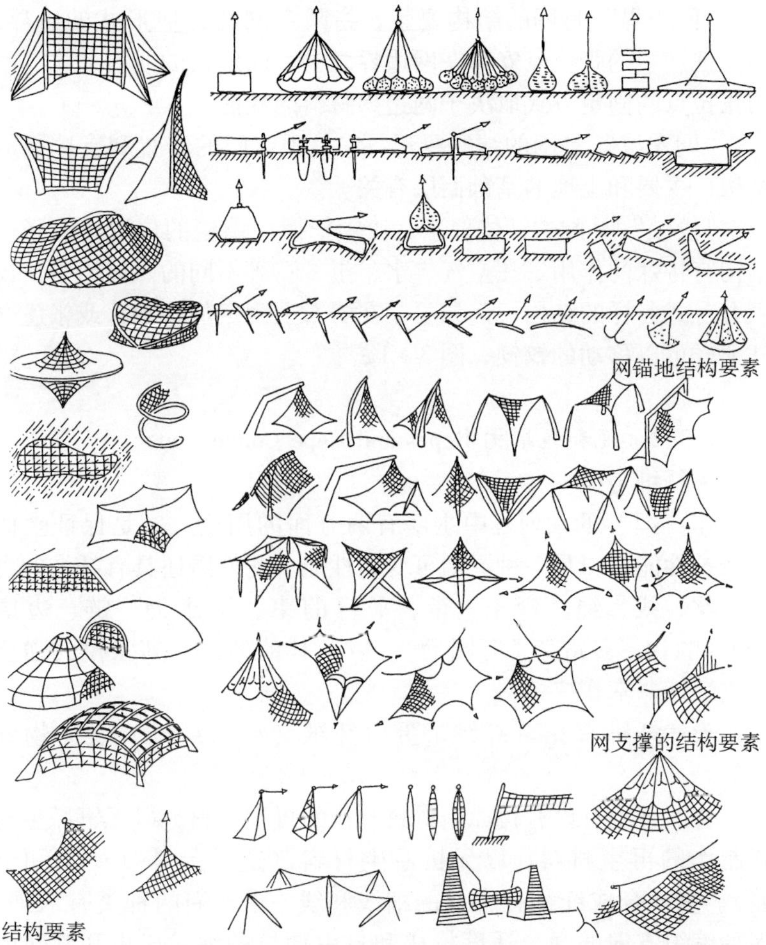

网锚地结构要素

网支撑的结构要素

结构要素

网边界的结构要素

图 3－1g　网的结构要素

对纤维型制的把握还有许多未知之处。在有生命的自然界之中也存在着多种纤维，例如在丝和网的结构中，纤维结构的张拉形式有多种类型。特别是在结构要素内部受力情况下能作灵活伸张的表面（细胞壁、生物外表皮、皮层）等。在细胞、植物和动物的研究中发现，伸张和多样形式的网结构可由动物中发现，它们

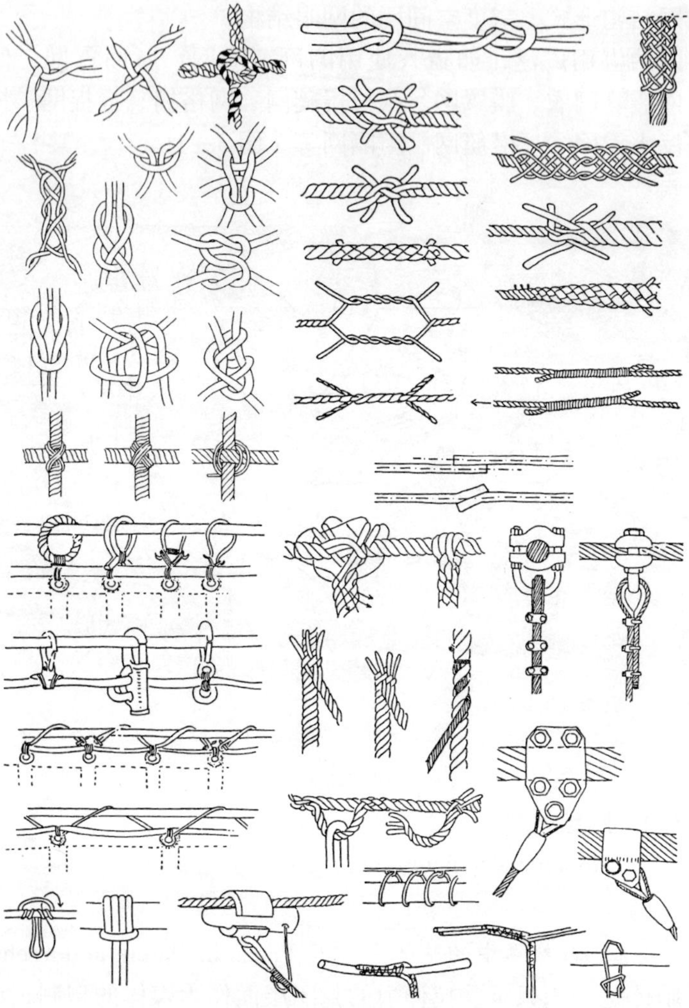

图 3－1h　绳和绳结构

是动物的技术产品，如可卡因（Cocoon）上的昆虫（Cater Pillars）和蜘蛛网。

网的网眼形式有平网、带方形网眼的网、方形放射形网、带不规则形网眼的网、附加形式的网、空间曲面网、按力的效应产

生的网结构形式、三度空间网的网眼结构。

网的应用广泛，如猎人使用的网、渔网、屋面罩网、保护网、网袋、网衣、膜罩网、张拉桥爬网、网格栅、捕捉网、掩护网、反水雷网、反潜艇网、阻隔网等，图 3－1i。

图 3－1i 网的应用

1.4 膜结构

Membrane Structure

1.4.1 自然界中的胞体和技术 Pneus in Nature and Technics

胞体是一积只承受拉伸力的封闭层面作为媒体的型制，典型的胞体有：空气泡、浮游的胆袋、救火软管、车胎、充气大厅、尿道、肠、商品袋、肥皂泡、人和动物的泡囊（Cutaneous）部分、大多数的阴茎、雾的微粒以及生长中的生物细胞。在此脉络中，胞体被认为是其代表性的膜结构。

“结构”在工程学中理解为“任何物体能够传递力量即为结构体”，换言之，传递力量的任何物体即结构体。由此对生物来

说，胞体材料的利用效力是最根本的和最重要的。胞体具有同一性质又具有特殊性质，胞体传递力量的能力取决于形式、材料和承受张拉的种类，可以通过测试技术了解自然界中胞体的结构特性。胞体的结构特点是：封闭——充满——中介，胞体体系的存在包括着张拉、封闭的灵活性（网、膜），填充与中介（外部）特性，由此而存在胞体体系。

• 胞体的承载力

胞体的内力如果是沿着封闭的皮层拉伸传递的话，与其他结构体系相比，胞体有很高的承载力，对于不同种类的拉伸力来说胞体结构是具有拉抻力同一性的应用广泛的结构体系。

• 胞体的封闭性

封闭网（弦网、渔网）的表面，如常见的橡皮气球表面，由表皮和网组成自由飞的气球表面。有不同类型的封闭表面如：液体膜、塑料膜、塑料弹性膜、羊毛捻搓纤维表面、内部分层穿着的膜、网、纤维。所有的气体、不同浓度的液体的封闭体。附着的、易碎的以及不同大小和结构的粒状固体、充满液体的织物表面等。同时以封闭性作为外部的媒体（环境）时一般多数情况下的媒体是充满空气和水。

• 胞体的结构形式

不是所有的胞体都有显而易见的共同特征，由于胞体有许多“组合的形式”，而有近乎无限多样的胞体形式。大多数胞体的形式是曲型和易于认知的，但它们的几何形态十分复杂。胞体具有空间向度现象，通常一个向度较大，其余两个向度较小（例如筒形内部、脉管）。当可动的表面结构中有较大的内部压力，它们能展宽。胞体的多样形式中可分为可以自由折叠的和折叠完毕的两类。

• 胞体表面

胞体表面有圆帽形、鞍形。有的是点状的如有外向的点和内向的点，表面是可折叠的。基本的几何形式有圆形、圆环形、椭圆形、圆核形及圆桶形的。胞体表面之上还存在有大量的附加形

式，如肥皂泡形成的多个圆球浮在水的表面上，有的各种胞体混合在不同的表面上，有的也被闭合于多种形式的洞体之中（如瓶中的啤酒泡沫）。重要的胞体形式有软垫形、空气箔翅的航帆、筒形的胞体、网状结构、压力形、内拉形、内支撑力形等。

胞体的组合形式是由一个与另外的几个闭合形式连接在一起的闭合空间。在荷载下，间隔受拉而变为支撑结构的基本部分。如泡沫、薄袋状胞体的边线组合形式。

- **胞体荷载的影响**

如果胞体充满物与外界媒体是相同的，如胞体内充满空气，外界媒体也是空气，或胞体内充满水，外界媒体也是水。如充满物与外界媒体有不相同的密度，则胞体的形状会受强烈的影响。所有的有高度弹性或塑性的膜，如橡皮，都有不稳定性。如带有反压力的胞体，经充气能使胞体坚固化，在内力与拉力产生反压力情况下而强化，如汽车的轮胎。

任何封闭的空间（或部分敞开），当充满媒体时，如果物件由外力作用或封闭体内部的压力作用而失去其原本的形式时，很难获得膜结构最合理的传力性能。不顺应胞体内在拉力的原则而建立的闭合空间都是不合理的，在无力作用情况下充满一个未充满的封闭体是很容易的，图 3－1j。

1.4.2 适应性充气结构 Convertible Pneumatic Structures

适应性充气结构有生物性和技术性两方面的特征，广义上说充气结构是所有有生命体的基本条件。从生物有机体的生长开始，边层的膜是生命活动的优先程序（限定一个细胞，即由非直线形的拉力层封闭着一种媒体）。包含在胞体中最小的细胞能吸收营养而得以生长。

带膜的胞体技术由扣帽状的纤维制成，现代建筑的一些大型仓库、活动大厅的栱顶，都有简单的圆拱和球体的外形。对气球的分析与组合研究列为“第一代”的胞体结构。“第二代”为机械分析的组合形式，例如较为复杂的在空气压力和温度湿度条件

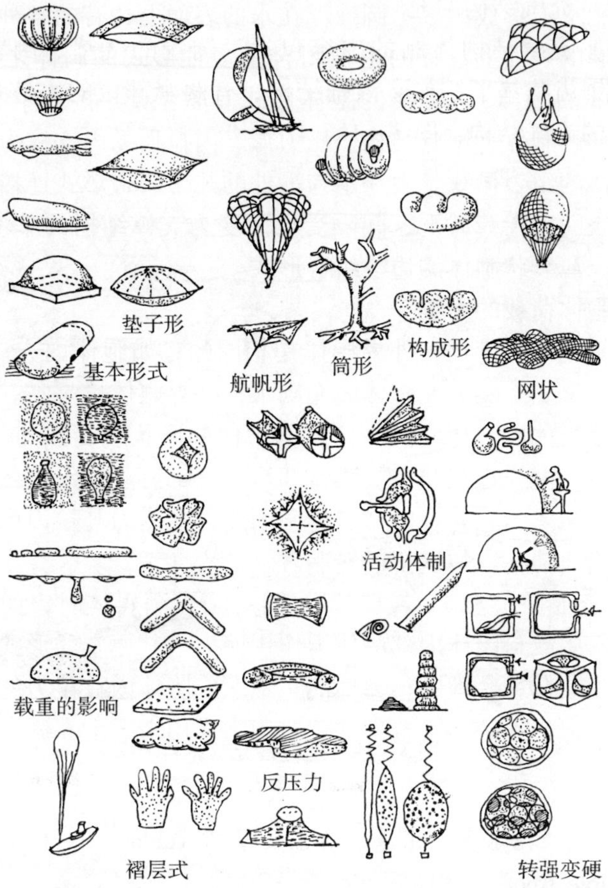

图 3－1j　自然界中的胞体

下椭圆形的膜。对生物有机体的结构分析称为“第三代”胞体结构。

生物体制与结构技术体系之间的直接分析研究是创新发展和继续研究的新课题，但其原理的建立是很相似的。其研究课题有：

（1）充气结构的力学适应性。

（2）充气结构的充气。

（3）充气结构体制的内容包括：倒置的气垫、倒置的桶、带膜的锯齿状垫子结构、滚桶结构、有两个部位的大体量结构、多胞体的充气结构，图 3－1k、l。

图 3－1k　适应性充气结构

1.4.3　托尔多、帐篷、适应性屋顶 Toldos, Tent Structures, Convertible Roofs

拉丁文中的威拉（Vela）有船的航帆之意，同时也用于形容架设在房屋之间的布篷，四面敞开，具有遮阳的功能。威拉（Vela）同时也用作由墙上垂下的幕帘。从技术上说威拉（Vela）与两旁的支撑屋顶结构形式有关，可构成“帐篷式”或“伞式”等等。

公元前 80 年庞贝城的第一个石头露天剧场尺寸为 135m × 104m，由威拉（Vela）装备（可能是后来加上去的）。公元一世纪时罗马有许多木制有顶棚的剧场，自从公元前 69 年起始，已

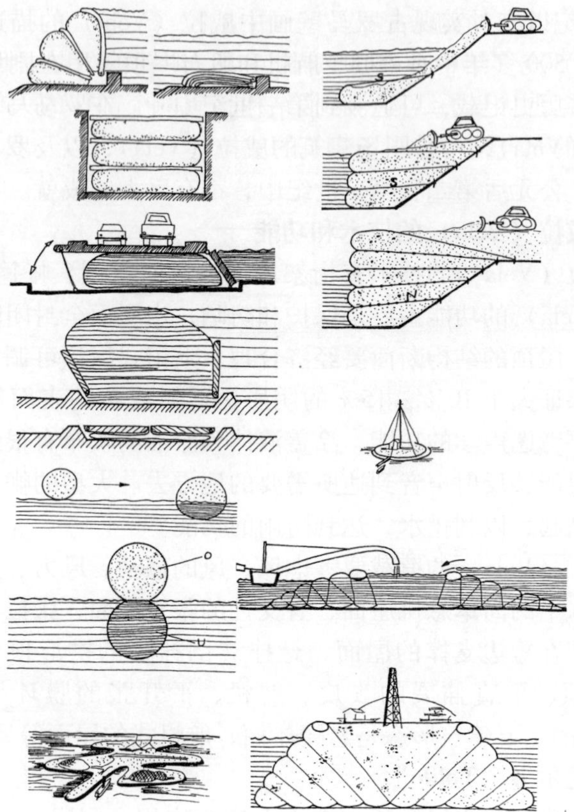

图 3－11　适应性充气结构

知威拉（Vela）广泛地应用于这些剧场建筑之上，在从发现的古代庞贝城中的壁画上有威拉（Vela）的描绘。在罗马剧场之后，展翼式的大帐篷取代了威拉（Vela）。1772 年威诺纳（Verona）的绘画中有展开的翼覆盖在剧场的舞台上面，岩石处的支撑表现得很清楚。如今访问塔尔米纳（Taormina）的人们行走在有木制阁栅顶架的环形帐篷遮阳之下，仍能体验这种情景。1970 年麦加的会议中心建成了现代帐篷结构。近些年来帆布顶的适应性屋面在继续发展，新式的威拉（Vela）主要起保护和防雨的作用。

自15世纪以来对实现古罗马壁画中威拉（Vela）的描述有过多种尝试，500多年中对罩棚、航帆和帆布屋顶等用在剧场建筑上有过许多历史记载，可追溯到第一世纪中叶。在罗马马戏场建筑的威拉（Vela），希腊剧场建筑的威拉（Vela），以及罗马时代亚洲中部，公元后第二和第三世纪中，都有巨大的成就。

• 威拉（Vela）的技术和功能

威拉（Vela）的技术有桁架屋面型、航帆型、帐篷型三类。威拉（Vela）的功能主要是保护和防晒，当屋面全封闭时需要考虑通风，屋顶的结构断面要经济合理。下桁式屋顶可调整的帆的表面要保证大于10% ~15%的阴影区。帆或布的表面都能反射声音，要考虑声学的功能，涂盖液体和涂油的帆布有很强的反射性能，要能够反射声音到达所需要的地方去。大型的帐篷要求中心部分高起，以利排水，达到防雨的功能。

威拉（Vela）的荷载要考虑风、风的颤动、风力、重力和风向。有水平的简单悬挑屋面、有支柱的张拉屋面、张拉的悬挑屋面、悬挂在短边支撑的屋面、悬挂（倒挂）的拱形顶、张拉的帆布环顶、平直伸展的表皮、航帆、平开张的膜环等。威拉（Vela）的主要建筑形态是悬臂屋面、航帆式的屋面等屋面形式。

• 托尔多“Toldo”

在西班牙语中展翅托尔多至今广为应用，可回溯到2000年前，特别是在安得鲁西亚城市中，如塞维托（Sevitto）。它的发展可能是源由罗马和阿拉伯帐篷顶的影响，19世纪的商业街上空的船式帆布篷广为流行。托尔多（Toldos）设计用于阻隔和减低空气的热传导，保护公众在托尔多（Toldos）下面防尘和避免眩光，形成室外空间的闭合。大街上人在阴影区中活动更具商业的吸引力，特别是有效地使用在节日的活动中。

组合不同类型的帆篷展翅，可适用于各种几何形式的街道地区。人们发现在西班牙南方大半个国家的大城市中，都使用古典的托尔多（Toldos）覆盖公共街道。在地中海地区、摩洛哥、埃及、叙利亚和土耳其都有多种相似形式的展翅翼篷。在欧洲以外

的中美洲的墨西哥以及日本也发现有这样的篷。自从文艺复兴以后，用玻璃覆盖的走廊可保护各种气候条件下商业街的舒适，在欧洲中部甚为流行。但西班牙南部传统的托尔多（Toldos）有上千年的历史，所表现的城市感觉非同一般，图 3－1m。

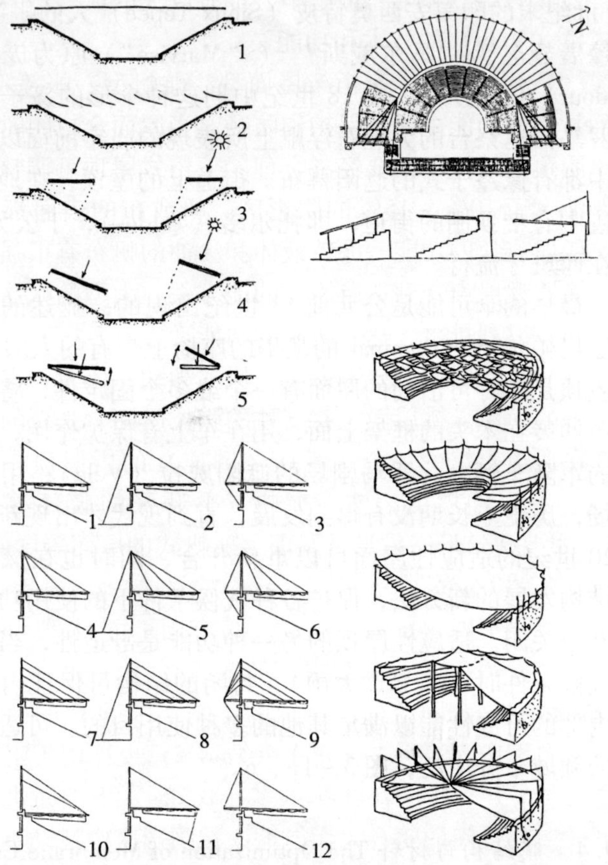

图 3－1m　托尔多帐篷

• 适应性屋顶

在多种功能的建筑中，适应性和可活动性是两种最重要的模式。建筑外部的适应性指建筑的外壳包括屋顶，可向外开启或重

新盖上，可放大或缩小，或配置可变动的外墙具有多样变化的可能性。建筑内部的适应性指建筑物内部，有可移动或可转动的墙、可抬高或降低的地坪，带有能适应多种功能可变动房间布局的开放式平面。帐篷结构的设计目的就是一种可适应性的屋顶。例如 19 世纪末的印第安西奥特皮（Sioux Tepee）人的帐篷。

帆篷展翅名为“马尔威斯” （“Marvise”）原为庞帕杜尔（Pompadour）侯爵所用，在 18 世纪中期这种伞形的篷子非常流行，在罗马命运祭台的大理石浮雕上所表现的庙宇前面以及尼尔的景观中都有像篷子式的遮阳幕布。街道上的屋顶，在地中海周围的古迹中有带顶棚的街道，即托尔多（Toldos），于公元 16 世纪时，在西班牙流行。

伞，最早的伞可能是公元前 13 世纪出现的，亚述的统治者阿苏尔巴尼帕尔 Assurbanipal 的豪华的座椅上带有的太阳伞。

折屋顶是一种可活动的屋面有一个或多个固定件，将折的帆布或皮革伸展在木头的框架上面，用在车上有保护作用，曾用于拿破仑的军队车辆上。罗马剧场的遮阳威拉（Vela），用于覆盖露天剧场，历史上长期没有得到发展，直到现代才出现新式帆篷屋顶。20 世纪的适应性屋面可以重新开合，同时也在探讨这种适应性结构发展的新方法，保护各种气候条件下的使用功能，可任意打开或关闭。适应性屋顶的另一种功能是舒适性，当外部为极端的气候条件时（风暴、大雨），封闭的结构可保证内部的舒适，或内部的可变性能以满足其他的多种使用目的。可适应性屋面应用的领域十分广泛，图 3－1n、o。

1.4.4 膜结构与材料 The Optimization of Membrane Construction and Materials

在所有生命体的生存情况下，都有各种膜表面，特别是人类和动物有机体则裹着不同种类的膜——皮肤。不同物种的膜（皮肤）能感觉、能听、能看、能尝试、能嗅。同时人的皮肤保护着身体抵抗外界的伤害，在冷热气候条件下维持 37℃。人类

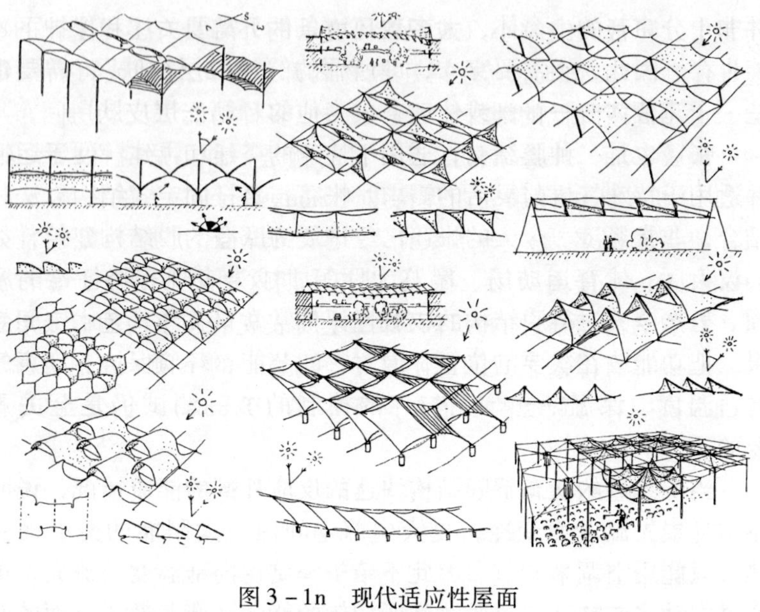

图 3－1n 现代适应性屋面

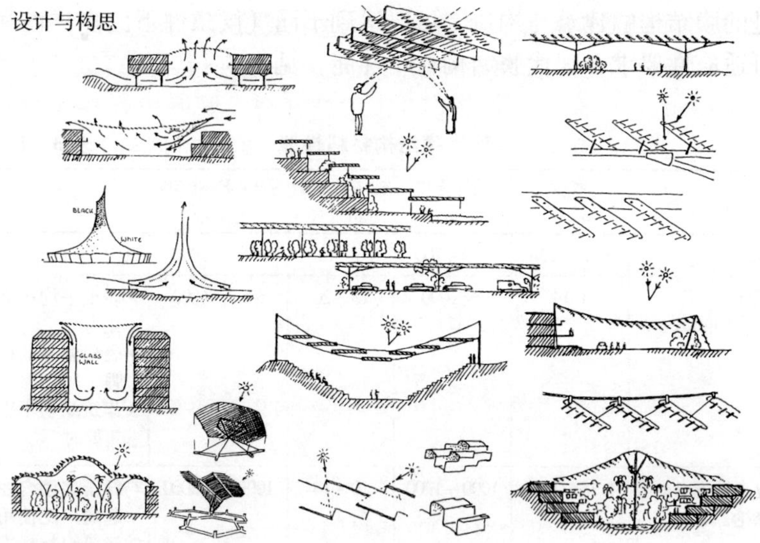

图 3－1o 现代适应性屋面

并非十分完善的生命体，大多数环境条件下需要关注和保护下才能生存。因此人类需要穿衣，即所谓的“第二层皮肤”，需要建造一个掩蔽体——帐篷或住宅，成为他的“第三层皮肤”。

帐篷也是一种膜结构，适用于快速的搭建和再建，便于运输并适用于特殊气候与灵活的需求。帐篷与直杆固定式结构方法相结合，非常经济。今天的帐篷已经进展为摩登的膜结构建筑，如会议大厅、体育运动场、展览大厅等，成为表现有特征性的屋顶。虽然今天对待膜结构的权威性评价常常只关注其艺术空间效果，把功能放在次要的位置，但对它的节能、环境保护、满意的舒适温度、保温隔热、光与声的控制的统一测试仍是至关重要的。

当低贮量的状态下膜结构快速的反应外部的能流情况，说明冬季易损失温度而变冷，夏天内部空间由于太阳能的照射而变热，只能用空调来调节。因此不希望膜结构内部温度的流失，可通过主动式或被动式手段达到所期望的能流平衡。通过全面的改进的膜结构的建筑与构造，可以达到不同气候条件下的多样性和可适应性要求，现代膜结构材料性能，见表 3－1。

现代膜结构材料性能 **表 3－1**

材　料	密度 (g/cm^3)	破坏强度 (N/mm^2)	破坏拉应力 Strain (%)	弹性 Elasticity (N/mm^2)	注
棉	1.5～1.54	350～700	6～15	4500～9000	只用于临时性
尼龙 复合中间体 6.6	1.14	至 1000	15～20	5000～6000	• 表现平均抗老化力 • 表现温度的增强 • 建筑织物不太重要时
复合纤维台丽龙涤纶	1.38～1.41	1000～1300	10～18	10000～15000	与纤维玻璃合在一起的广泛使用的建筑织物标准产品

续表

材　　料	密度 (g/cm^3)	破坏强度 (N/mm^2)	破坏拉应力 Strain (%)	弹性 Elasticity (N/mm^2)	注
纤维玻璃	2.55	至3500	2.0~3.5	70000~90000	• 表现抗湿度时细线 3μ 直径 • 在建筑织物标准产品中与 Polyester 合用
阿拉米德中间纤维 特万龙纤维	1.45	至2700	2~4	130000~150000	高技术产品的特殊纤维
各种浮龙产品	2.1~2.3	160~380	13~32	700~4000	• 抗高湿度 • 反粘性特征 • 空气中不燃性 • 化学呆滞性
碳纤维 碳酸龙	1.7~2.0	2000~3000	<1	200000~500000	• 高技术产品的特殊纤维 • 很低的延伸系数 • 不燃性

1.5 原生材料

Growing Materials

1.5.1 建筑竹材 Bamboo in Built Structure

竹材比木材成长快速，产量充裕，比林木的年成长率和单位面积重量均高于 25 倍。同时，易于施工操作，便于运输，耐储存，可用简单的工具制作成型。竹材最重要的特征是有圆的形状、重量轻、有光洁的表面。竹筒形状的杆结构，易于切割和劈割，一般只需用手工携带的工具手工操作。竹制品的制做过程中不产生任何废料，甚至少量的支条也能利用，叶子能用作动物的饲料。因此竹材是极其经济的建筑材料。竹材的防火性能比同等截面的木材好，竹的表面可抗机械外力和化学侵蚀，光滑、清洁，还有悦人的颜色，作为建筑材料不需要表面处理。

竹材很有弹性，以网状结构展现时，自重很轻，但在外力作

用下会变形（有柔性）。因此特别适合于南亚的大部分地震地区。竹材不能像木梁结构那样有效地受到保护，竹材比木材易磨损工具。由于竹材是空心的不能用于承重的支柱结构、片柱或铁路的枕木以及坑道的支撑。在很多情况下，竹材不能取代木材。竹材的性质含水量大，有膨胀和收缩。有一定的防火性，竹的物理、化学及力学性质均有其特性。

东南亚一带为典型的产竹地区，当地竹材比木材的应用更为广泛、经济，不需要复杂的制作技术，作为建筑材料以及其他方面用途，有一定的优点，在当地竹材比木材更显得重要。作为建筑材料的竹材是低浪费的产品，下料部分能压制产品、杆件、组合塑料片、锯齿状杆件以及开口的油滚桶、波状组合铁件、车身的防锈部分等等。

我们发现竹材作为建筑材料在第三世界的日益增值是对新型综合材料的挑战，竹与铁片的组合更人性化，更具有美学的价值，在有机材料中，最经济的建筑材料也许就由未来竹材的制作中产生，图 3 - 1p。

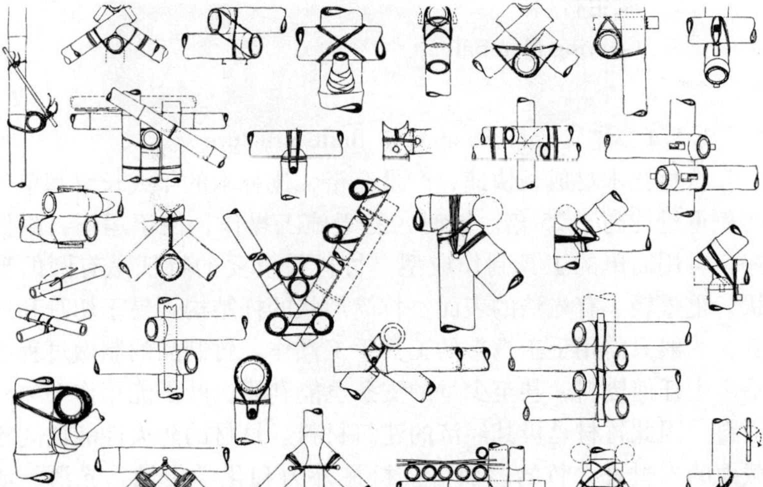

图 3 - 1p　建筑竹材

1999 年日本建筑师隈研吾（Kengo Kuma）在日本的 Kanagawa 设计的西宫苦乐园是一座表现原生材料的竹屋，整个建筑就像是个竹篮子，设计意向是表现周围环境的自然特征。建筑的第二层楼板也是竹子制作的，上层的儿童活动空间和第一层的公共大厅是连通的。

长城脚下的竹屋是隈研吾 2002 年的新作品，在北京郊外万里长城丘陵地段上的住宅，巧妙地结合地形、地势，运用 150mm 直径的中国竹材作主体材料。一部分竹壁可以闭合引导视线，在竹材的施工、构造与制作技术上都结合当地情况有所创新。竹子经过 280℃热处理，涂油防虫等方法，建筑空间中的竹墙、顶棚、玻璃、水面交相辉映，图 3 –1q。

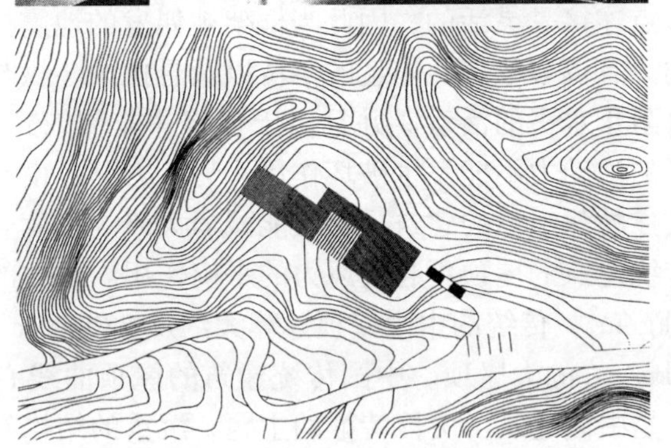

图 3 –1q　长城脚下的竹屋

1.5.2 建筑木材 Wood in Built Structure

木材作为建筑材料有悠久的历史，在南美洲秘鲁的农耕区是一种很有启发性的轻型结构材料。当地木材在若干年后成材的体量大小至关重要，其他市场如取暖木材、矿坑及铁路枕木并不十分重要。

当地的尤卡里托（Eucalyptu）树的价钱很便宜，7m 高 5 年可成材，大约 0.5 美元一棵。农民只需投下种子，若干年后即可收到很大效益，农民植林比种地更有利，因此当地以育林来发展地区经济。从建设观点看尤卡里托（Eucalyptus）树并不太吸引人，易裂、易受虫害，但它巨大的树干作柱杆和梁却非常有利。因此对这种林木引发了许多主题研究，如用尤卡里托（Eucalyptus）木材的最简易构造形式；尤卡里托（Eucalytus）木材和其他农业材料的组合形式，如竹材等；与非农业材料如水泥、白灰、钉子、钢材组合的最简单和经济的形式。尤卡里托（Eucalyptus）木料是良好的天然资源，可大量用于建造学校、住宅、工厂、矿床的结构以及其他的轻型结构建筑。

历史上中国的木结构在沿海地区的风暴和内陆地震的多发地区，在抗震与适应自然气候方面都有重要的保护作用。其中的主要要素有：在中国传统建筑中使用坚实的红白松木相当于钢材 4 倍的拉伸力，抗压强度相当于混凝土的 6 倍。第二个要素是不用钉子的节点连接是灵活的，因此当框架被偶发的地震振动时，各节点的内力有调节效应。体量的落位以及悬挑的斗栱与屋顶构架的连接可阻止水平的活动。并且由于柱脚并非伸入到基础之中，任何水平的活动力不能发生破坏作用。另一方面，由与柱子固定连接所支撑的深出檐的建筑，一般能减弱大风的强度。自重很大的中国传统建筑的屋顶可起反风力的平衡作用。西方的瓦屋顶计算以 $100kg/m^2$，传统的中国屋顶计算大约从 $280kg/m^2$ 的小形结构到 $400kg/m^2$ 的大屋顶。中国传统建筑的屋顶曲线有很强的美学意义，是中国建筑历史性特征的主题，沉重的结构好像很轻的飘浮在空中，一般认为屋顶的曲线外观是模仿自然下垂的帐篷。

从断面图中可以看到一座传统的建筑屋顶一端的构造，椽子和斗栱在下面支撑着屋面和梁构成屋顶的外轮廓。五进短梁被逐个抬起支撑着屋面檩条，由木材的尺寸确定建筑的长度。短椽不大于两檩条的间距，由此而建立了屋顶的曲线，强调挑悬的出檐。

如剖面图所示6层梁架由4架斗栱支撑，三条下梁和最顶上的一条是弯月形的曲线梁。两个小斗栱支撑着顶梁和最高的檩条，第三个支撑着脊檩。斗栱的出挑有助于支撑外挑的屋檐，檩条上的荷载可平衡屋檐的重量。

传统的柱子立于木基座上，由石础支撑，但柱子并非与基础固定。柱子的直径之间由木门槛连接固定，柱间彼此连通，顶上还有加重的过梁连接。为了加固连接，使用榫槽，顶块构件安装在每个柱顶上面，最下的大斗卧入榫槽之中。典型的柱间斗栱座落在过梁上，斗栱的各个部件及八材（“八采”）是中国传统建筑的用材尺寸基础。

第10世纪时的二级建筑的典型南立面，曲线庑殿顶，柱间单一斗栱（中间开间除外，为二个斗栱）。到了18世纪这种传统已经改变，公元1734年的一座重建的宫殿在柱间改为5个斗栱，中间柱间采用了8个斗栱。重大的变化由于斗栱支撑屋檐的功能作用逐渐转变为装饰要素。斗栱的数量也与柱子的多少无关，装饰的功能变得更为重要，图3－1r。

近代日本建筑师隈研吾（Kango Kuma）设计的以木条建构的美术馆别具情趣，全部墙壁采用无肌理的杉木木条构筑。30mm×60mm经过处理的木条为主体材料，钢骨架与水平和垂直的木条墙壁和屋顶分离。木条建筑创造了奇妙的室内光环境，以贴纸和玻璃组合在木条光壁中照明，在雨、雾和大自然气象变换的环境中更显得朴素自然。

隈研吾设计的日本那须历史展览厅建筑中，为避免太阳光过度的直射，采用的竹木编织的半透明壁面，可活动，也能透光，就像装饰在建筑中的天然材料的艺术陈设，图3－1s、t。

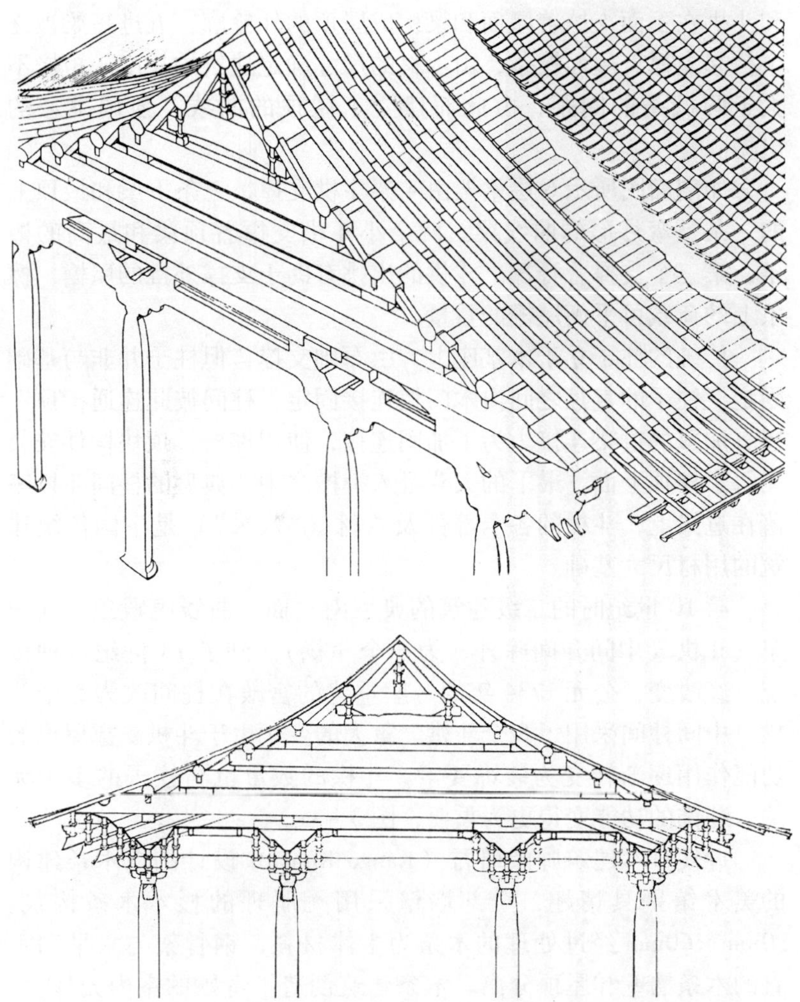

中国传统屋顶构造

图 3 – 1r 建筑木材

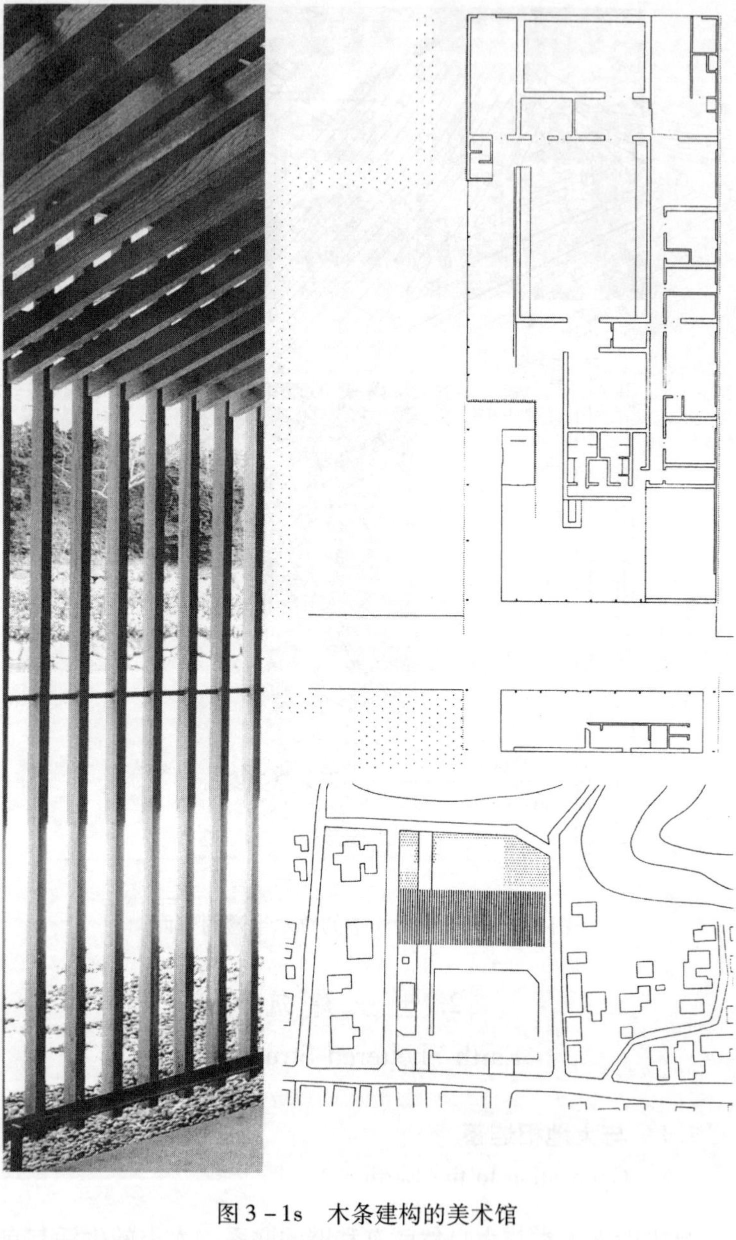

图 3－1s　木条建构的美术馆

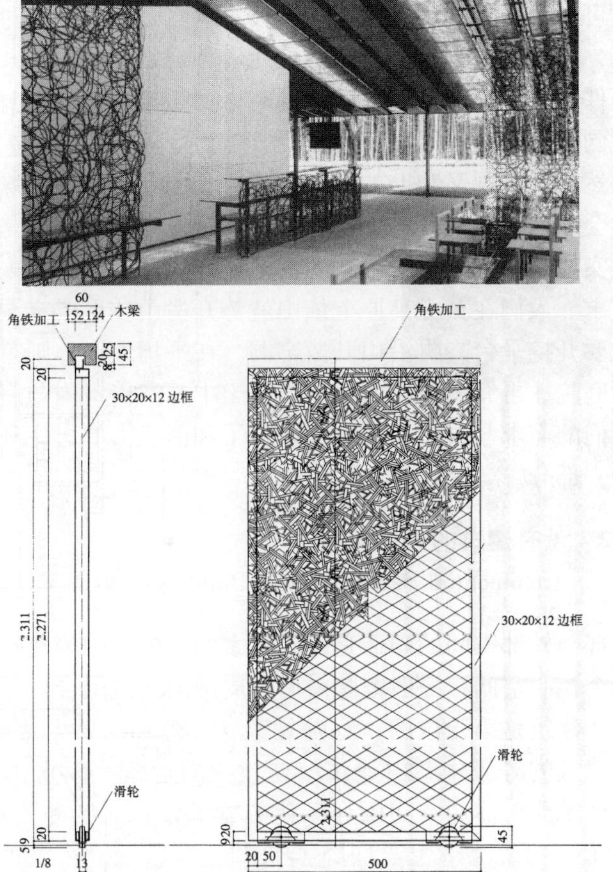

图 3－1t 历史展厅中的竹木半透明壁面

2. 生 土 建 筑

Earth Sheltered Structure

2.1 与大地相连系

Connection to the Earth

自古以来人类与大自然就有和谐的联系，人类的生活与自然

界密不可分，所有人类的吃、穿、住都取自自然界。经过数千年的历史，人类学会了如何利用和适应各种自然条件。各式各样的现实条件直接回报人类的需求，同时也回报自然条件本身。

中国西北地区的居民也像世界其他地区居民一样，人们发展了与自然界既乐观又和谐的生存方式，利用黄土高原干燥气候的特点学会如何在土中开凿他们的居住和工作空间。黄土是易于切割的坚实材料，也是冬暖夏凉的良好导体，原土满足了人们对生活的需求。人们在黄土高原上依山就势开凿山体形成窑洞。在山区首先要开挖平台，再沿山开凿窑洞。在平坦地区，则首先开挖下沉的庭院，再开凿周围的窑洞。从土中开凿出室内与室外的空间，人们的需求与自然和景观都取得了和谐，人的居住环境成为大地的一部分。

2.2 没有建筑的建筑空间

Architectural Space Without Building

内部与外部空间的塑造是建筑要素的基础，中国建筑的室外庭院是个核心空间，一般庭院由墙和周围的建筑围合。空间中边角部分的建筑是第二位的，庭院是家庭心理和物质生活的中心。在中国建筑的等级中，由建筑结构建立的边角空间全由土中开挖，由建筑或土体的空间围合，就形成了分立的各个私密空间，图 3 – 2a。

2.3 层次

Sequence

观察窑洞建筑的全貌不是一目了然的，而是在逐步接近中呈现出布局空间的。空间层次的划分，引导人们从公共性外部世界达到家庭的私密性世界，包括着不同层次的空间私密性。通过各种建筑要素的运用，如门道、独立的影壁、踏步地坪标高的变化及门洞等。每个要素都增加了人们由一个环境进入另一个环境的层次感。

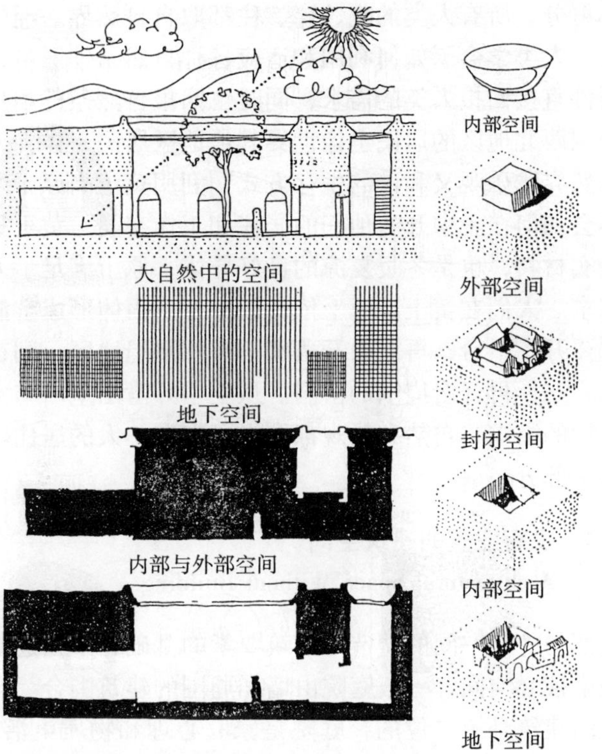

图 3－2a 没有建筑的建筑空间

2.4 明与暗

Light and Dark

窑洞建筑具有阳光与阴影视觉方面的特点，各种形式的生土窑洞由变化着的阳光照射，当树影跨过墙面时，土的表面色调呈现出了多样性变化，空间中创造了明与暗之间图案对比。当由外部公共空间进入更私密性的空间时，明与暗的空间也强调了空间的层次感。暗色空间特别像是各阶段层次之间光影的节点，图 3－2b。

图 3－2b　明与暗

2.5　视觉与闪烁的光线

Visual and Twinkling View

窑洞住宅与大地的关系表现为一种建筑的和谐统一性，不像大多数房屋那样，人们不仅只在视线的同一水平观赏建筑，同时也从上下的多个视点观察。人们最先只见住宅的上边，第一印象事实上没有建筑出现，只有在大地表面向下开挖的抽象印象，走下踏步人们进入暗道空间，回头仍能见到上面的大地。从入口空间人们再进入开挖的内部空间，从上到下有一系列变换的各部分的视觉使建筑空间的趣味十分丰富，图 3－2c。

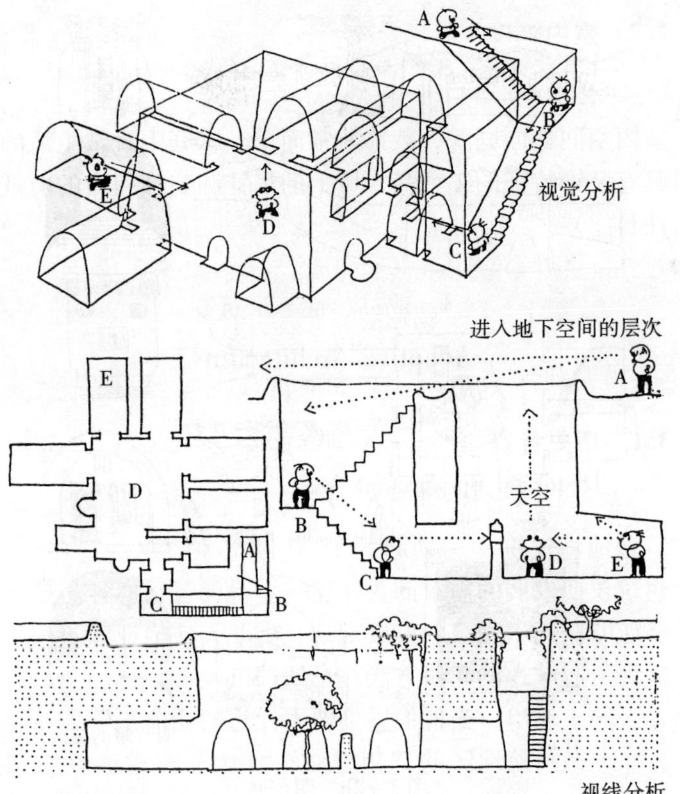

图 3－2c　视觉与闪烁的光线

2.6　生活庭院

Living Courtyard

庭院是家庭生活的中心，也是综合使用的空间。所有的家庭活动均在此举行，既是工作的场所，又是游戏的场所，也是节日进行庆祝活动的场所。当天气晴朗时也作为室外的厨房和用餐的地方。夏季，庭院空间充满花卉，秋收时节，用作晾晒蔬菜和粮食的空间，庭院是住宅的主要活动空间，全家的生活都围绕着它。

2.7 室内陈设
Indoor Display

室内空间如同庭院，装饰非常简单。家庭中日常生活的物件是最具有装饰特征的工艺品，墙上的吊挂和装饰门窗的剪纸特别引人注目。

3. 适 应 性 建 筑
Adaptive Architecture

3.1 历史背景
Historical Background

“适应性建筑”运动起源于 20 世纪 50 年代，当时人们出自对建筑长期发展的需求而关注建筑本身的可适应性。这种可适应性要能够应用于城镇的发展规划直到私人住宅或建筑的某一部分。这种可适应性的建筑方法在早期即已发现，如美洲新墨西哥印第安人的土坯房，当他们感到原来住房的功能不够大时要便于拆改。非洲撒哈拉地区的“组合式”住宅，按当地风俗家族中的头领死去，全部建筑需要重新组合。由于宗教原因，祖先的住宅不能继续使用，直到把它拆除，新的家庭首领要为他的妻儿建立新的生活领域。其他如几内亚、肯尼亚以及亚洲的越南等国家也有这种习俗。当人们的栖息地迁移时，就要重新建立新屋，或拆下老屋的部件搬迁。

人们居住在板房之中也是过流动性的生活。帐篷结构是最大量的适用于全世界的多样性可活动式的结构形式。帐篷原来就是便于拆运可活动性的，各个部分可以方便地拆装和搬运。

罗马人用过的威拉（Vela）布篷是一种独特形式的帐篷，为了防止剧场和街道上人们遭受日光的照射，顶上装有可快速折叠的帆布梁架。在美国开发西部的年代，为了改变房屋平面布局，

有可分建的翼端部分。日本住宅的概念是以人体大小为模式，特别注重占据空间的需求变化，以榻榻米草席为单位作为室内的基本尺度来确定整体建筑的大小，通过使用可活动的隔断达到室内设计的可适应性。

进入工业化时代，由于建筑技术的进步，增加和更新了许多建筑产品的技术成就和施工方法。英国的伦敦水晶宫展览会是一座预制、装配的可活动的建筑。1848 年建造的巴黎植物园有可运转的玻璃屋面，夏天可以开启。20 世纪初，赖特深受日本住宅的影响，提倡住宅的“有机主义”。赖特的住宅室内有自由灵活的首层平面布局，住宅的可适应性表现在由各种房间环抱壁炉的简单的闭合式的统一体住宅。

可适应性要使结构具有灵活性，要减轻外部结构的重量，就像帐篷结构那样，既可移动又有适应性。建筑内部的适应性则像日本住宅，使用轻型的建筑部件。在沉重材料的重型结构方面，也能作到可适应性，如黄土土坯建筑是原始人类文明的简易结构，后来才表现其建筑的多样和复杂性，能够建造高大的生土建筑结构并达到多样化。

1914 年未来主义者森特伊里亚（Sant Elia）和马里纳梯（Marinetti）说过：“我们生活的住宅不必太长久，每一代人需要建造他们自己的城市”。10 年以后，凡·杜斯伯格（Van Doesburg）在他的建筑要素理论中指出：只需保护外表面，内部的分隔墙壁可根据需要来安排。关于强调可自由分隔平面的人还有基斯勒（Kiesler）和勒·柯布西耶（Lecorbusier）和密斯·凡·德·罗（Mies Van der Rohe）等。

从建筑内部的可移动性寻求建筑可适应性的方法，组合预制的建筑要素，建立穿插的生活单元并便于拆除，以发展三度空间结构体为基础，使全部城镇体制多样化。屋顶结构要有敞开的最大可能性，在材料上提供最少的支出费用，只有使用轻便的节能材料取代惯用的建筑材料才能达到高度的可适应性。虽然适应性建筑已被广为认可，已有清楚的系统论述，但至今

在规划、竞赛、实践和乌托邦主义的理想领域中仍属少见，图3－3a。

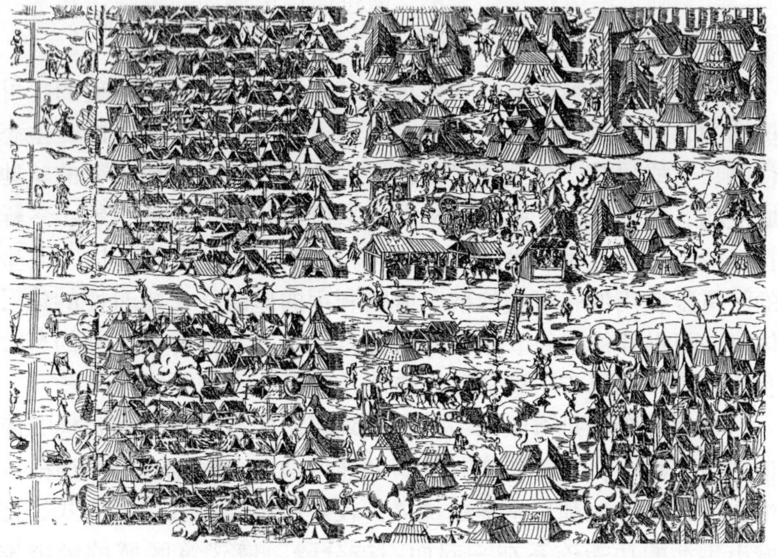

图3－3a　古代罗马的军事帐篷

3.2　可适应性建筑的社会目标

The Aim of Adaptivity in Society and Architecture

对“可适应性”的理解是由其建筑含义直到人类的需求，认为是一种环境与技术相关的新概念。在行为研究领域，可适应性被认为是为了发展个性，人们对其生活方式与环境通过对比分析而唤醒他们的行为。一些实例说明早期的可适应性建筑使人实现了这种对比。巴洛克式建筑曾以其丰富的三度空间唤醒社会新的自由意念，有助于克服中世纪只重外表的结构形式。希腊神庙的影响曾加强与支持了那时社会民主化的思想。老式的日本住宅建筑结构直接出自使用者的行为需求。房间布局反映了使用者的个性，是对日本社会的模仿与反映。这些都说明建筑有助于人们适应每日的生活需求和环境改善。建筑也能对社会的可适应性要

求作出形式反映。

3.3 适应性建筑与选择性城市规划

Adaptable Architecture and Alernative City Planning

可适应性内容广泛，可附加的、能够增长的、可改变的、可拆卸的、可分解的、可分隔的、可自己建造的、可扩大的、生态住宅、节能建筑、规划的灵活性、安装式建造、功能可变的、地域性的、大范围的、临时结构、低造价建筑、活动的车船、多样目标的、暂时性的规划主张、可携带和循环使用的结构、再生的、重复使用的、可代换的、废物利用的掩避体、短时性的建设体制、可抛弃的建筑、由使用者自行规划的、多样性空间的有效利用等等，都属于可适应性建筑。

地球的资源是有限的，城市规划要制定有选择性的目标，应该把城区集中，不再任意开发新的建设地区；采用改造交通的再生方法，较好地利用本地的优势；较好地组合各种生活方式，把城市生活的功能连系在一起而不被分隔。使建筑区域的经济发展、生活供应以及服务等等更加完善。应以三度空间来规划城市结构。限定城市的人口，建立人与环境之间的和谐关系，特别强调居民对环境的创造。规划师要把他们的知识运用于解决上述问题，视为规划设计探讨的基础。

3.4 生活方式的发展

Development of Forms of Life

只要观察各地域的情况，会看到人们的生活方式中存在的变化，由于地理和气候的改变对各地的生活方式与建筑均有所影响，根据对气候条件的控制能力，移民原来的生活方式有所变化或消失了。从原来的殖民地式建筑发展到高度技术化的新建筑是一种趋势。即从游动到定居再回到游动，可以认为是建筑与生活方式之间关系的变化。世界范围的气候条件及生活方式的变化，促使广大地区的建筑进步，人们只有用可适应性来

组建他们的新的生活方式。流动性建筑的发展即是可活动的建筑。

从农业文化到游动的演化的中介阶段很有特色，半游动的生活组成以利用固定的结构和可活动结构帐篷，两者结合。如今打工农民的游动和半游动的生活方式加入了城镇中的贫穷地区的组群之中，利用廉价的废旧材料搭建棚户。由于工业的发展和城市化的结果需要大量的劳动力，需要有效地快速增长城市定居者，游动已不再由过去放牧牲畜活动所决定。由此对大自然的结构造成了过渡的污染，食物和原生材料的短缺，能源的缺乏，又迫使人们重新认识他们的需求，要适应环境，维护最低的生存水平。虽然高度发展的工业化国家有十分完善的技术和文明，却比那些技术不太完善的第三世界，更需要转变更为灵活的可适应性的建筑发展程序。根据亚那·弗瑞德曼（Yana Friedman）的学说，最好的生存机会应是较小的、独立的、直接的、快速反应的有机组合。因此在现代工业社会中的信息交流问题即是如此。同样在建筑中要注入由快速反应程序和高度应用技术组合智能化的可适应性建筑，根据使用者生活方式的改变找到新的简单的适应性结构形式，图 3－3b。

3.5 城市规划结构的生态方向

An Ecological Orientation in Structure Planning

在城市规划结构中的生态化方向是指应用生物化主动式原理于规划程序的各个阶段，按照生物学规律使用现代技术，即已经建立的生物——主动式原理的一般技术，也可以运用于建筑组合技术之中。

1. 运用“输出能量”等值替换原理，任何人工物体置于自然环境之中，除了基本功能以外，均被自然环境所安置和填充，也必然是处于自然中的一部分。例如有机物要靠氧气、水和空气来生存，自然环境是供有机体生存的场所。促进物质与能量的自然流动，新发出的污染能被环境所改善。

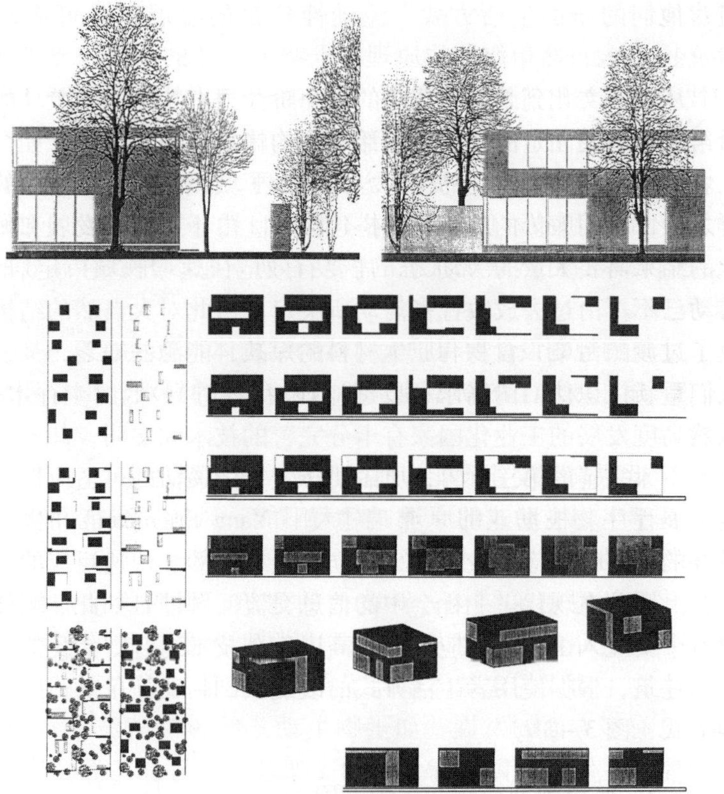

图 3－3b 现代适应性住宅

2. “生态社区”或称“生物圈社区”（生态的可适应性）原则，人造物体必须适应自然环境，在生产循环中产品产生的残留物要不毁坏植物与动物的群落。当使用天然与再生能源与材料时，要节约。残留物要在满足生产任务后变成自然界循环的一部分或自动的分解或在生产的程序过程中自行消灭。

3. 比例和尺度是和谐美的原则，人造物体在自然景观结构要素中的比例大小要和谐优美，适合人体的尺度，人工物体的形式要基于对自然形式的分析和利用，不应太高大，小型化符合人

的尺度。

4. 与大自然相似性的原理，生物近似性的深度，要求所有的技术必须与自然协调的发展。已有的生态和生物技术要不污染环境、从理论上产生最少的带给环境有害的残留物。

5. 促进自然环境中更新复苏的原理，生态的重建（生物更新），不仅必须技术化，使技术不破坏自然环境，还必须对以前被人们破坏的自然景观状态的恢复有所贡献，并贮存高效的能源等。

建筑的规划设计要保护大自然的结构体系应注意以下要点：

1. 建在坡地上的新型建筑要依附自然的斜坡、山脊和山峰而建。

2. 低层高密度建设能为地区形成大面积绿地。

基于生物主动式的原理，对太阳能、风能、光能和生物能的生物主动式建筑设计已经在许多国家中应用，例如，利用地形变化的新型建筑结构；斜坡上的建筑；利用阶梯加固的建筑；生物主动式的天然墙壁；岸边的生物主动式的预制结构等。生物主动式的建筑体系除了在建筑主体结构方面的应用以外，已有多方面的发展，如生物主动式绿色的防波控水堤坝、绿色屋顶、绿色声障、绿色结构支架装置、环保道路、太阳能灯杆等等。

3.6 间歇环境，灵活关合的空气幕

Intermittent Environments，The Air-Curtain as an Adaptive Enclosure

空气幕是保护人们活动空间中防雨雪和风的一种非常有特色的装置，是不用实质材料，而用空气幕的建筑。在一些特殊的场合下，不用空调、制冷或采暖系统可达到对气候的总体控制。空气幕的基本原理是能够随时打开和关闭，保证间歇性封闭的小气候，是一种保证适应性的空间设施。封闭的空气幕有两种：第一种空气幕篷由水平的气流操作，是线型体制，只能遮避雨雪而不

能控制温度。第二种是空气拱顶，以朝上的气流控制，提供全气候的封闭，环状的喷气体制放置在建筑平面周边之上，空气喷射的形式沿着这种体制把地面全部封罩起来。

空气本身是良好的隔层体，如果空气幕活动的速度太快，大量的热能可被输送气流带走，因此设计这种球形气幕的特殊要求是空气幕的流动，要尽可能慢，能保持其完整性。在热冷差异很大的大空间中运用空气幕时，必须把喷气基地固定，保证其内部气候设计。如果在要求小尺度亲密性的街道空间或集体使用小型空间中可采用一般的制冷或加热的方法已经足够。这种新式的空气容积在美学方面尚未充分探讨，但人们能够在下大雪的条件下感受温暖和干爽。

从关注材料结构和环境质量的角度看，这是一种对能量结构概念的新挑战，可以最小的造价产生高质量环境水平的封闭生态结构。这种能量结构是间歇性的，当不需要时，立即可以恢复到大自然的环境之中。作为空气流动的系统，它无材料的封闭，不需要常规的一般性观念那样“开挖”、“制造”、“预制”、“建立”、以及“加工”。开关的按钮是开关这种空气幕结构的全部需要。

早在1974年加拿大多伦多市政大厅广场上的实验是成功的，由埃特肯博士（Dr. Etkin）和航空动力学家让·莱克（Ron·Lake）设计的一个空气转向设备和现存的废气系统连通，起初是为了给市政厅广场上的停车库通风。这个装置设计是为分隔人行道上的行人避免接近废气而制造的一个掩体，引导空气向上再曲线的到达水平面，这个气流轮廓展现了最有用和便宜的室外气流实验场地，用以研究真实条件下的水平式空气幕屋顶。经过多次的改进，16个星期的实验，建立了模拟大雨大雪的实验效果。这种空气幕的屋顶篷罩很有特色，可以预测在第二次利用城市废气的节能方面建立了一项新的重要体制，安放在城市的有用的地区，创造人行道上的空气掩避体，图3-3c。

空气幕的屋顶篷罩

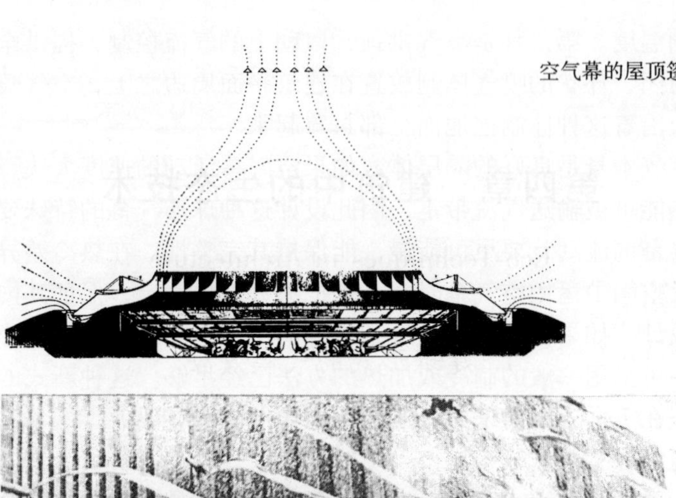

多伦多市政大厅广场上的气流实验

图 3－3c　无屋顶的控制雨雪

第四章　建筑中的生态技术

Eco-Techniques in Architecture

1. 建筑形式的气候效应

Climate Responsive Building Form

1.1　地域气候条件

Local Climatic Conditions

地域气候条件影响建筑的设计形态，地域一年四季的气候变化特征指当地的气温、湿度、蒸发量、风向和风速，以及太阳的辐射量。根据全国的气候分区分级，一般分为四个区域：寒冷地区、舒适地区、干热地区、湿热地区。北方的寒冷地区一般由冬季的西北风和夏季的东南风形成冬冷夏热的气温，住房以最大限度地获取太阳的辐射热量来保持冬季的气温，避免把房屋建造在寒冷的地势。气候舒适地区的气温特点是季节性的，冷热温度比较均衡，一般冬季风来自西北，夏季风来自南方，有较高的湿度和大量的蒸发，阴晴平均。住房冬季要获取阳光，夏季要求遮阳，冬季避风，夏季通风。在我国的大西北干热地区，有晴朗的天空、低湿度，长时间的过热蒸发和日夜较大的温差；风向风速，日夜常有所不同。住房在中午前后要求有良好的遮阳，夏季要求有良好的通风并增加湿度。我国的东南部是高温高湿的湿热地区的气候特点，风向和风速常年如一，每年都有来自东和东南的强力大风，住房的形态要求遮阳并能引入凉风。

影响地域性气候的主要因素是温度、湿度、蒸发量、风向和

风速以及太阳的辐射量。通常使用的现代化的冷热空调装置调适室内环境是最不明智的方法。要在建筑的构造设计中根据当地的气候因素考虑热能的贮存，根据平均气温、风向和风速确定墙壁和屋顶的保温隔热性能、窗玻璃的层数。根据建筑坐落位置的太阳照射角度，选取太阳能热水集热板的装置斜面角度来确定建筑的朝向与遮檐的形式和深度，根据不同的地域，不同的建筑朝向，不同的季节，如何利用太阳能辐射量是建筑环境气候效应的最主要因素，图 4－1a。

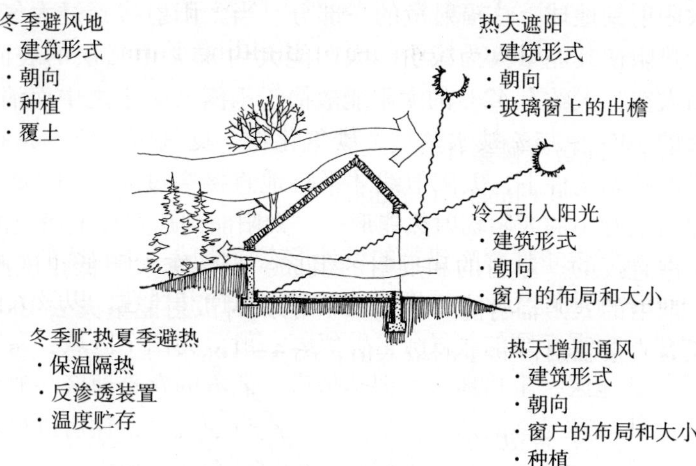

图 4－1a 建筑落位的环境气候要素，被动式太阳能采暖降温的概念

1.2 建筑周围的微小气候

Microclimate—The Climate at the Building Site

建筑的特定地段选择都处于地域性的环境气候条件之下，还受当地微小气候的影响。不同的建筑地段情况，如地势的坡度与朝向、土壤类型、绿地植被状况、材料表面性质以及环境景观等综合性的影响因素条件下的温度、湿度、风向和风速、蒸发量、太阳的辐射量等形成当地特定的微小气候状况。其影响与变化不只在日夜之间，甚至距几米远就有差异。由大地域气候条件确定

其总体的建筑环境气候设计；由小气候条件确定其特殊的建筑地段上的局部环境气候设计。

小气候条件的多种环境要素之中，太阳的辐射热是最重要的，它决定气温、风的流动、蒸发以及地段上植被的特征。可把建筑视为控制太阳辐射的装置。在取暖季节可让太阳辐射线穿入室内，当需要凉爽的季节时，可让太阳辐射线封闭在外面。要把建筑设计成良好的控制太阳辐射器，必须了解太阳辐射的环境特征。太阳辐射是一种电磁射线，人类眼睛所能看到的可见光只是由太阳射到地球上总辐射量的一部分。当太阳射线穿过大气时，由于热阻使其能量大为减少。太阳能大约 33% 由云层的表面反射回太空，大约有 42% 的太阳能散播于雨露及尘土之中而消失，其余的 10% ~15% 被水蒸气、碳氧化物、臭氧所吸收。只有在无云的状态条件下，太阳射线才平行地直接穿过大气到达地面，这才是最有用的太阳辐射热能形式。太阳能到达建设地段上的总量是由直接的、散射的和反射的组成。当冬季太阳低角度照射时，散射的太阳辐射能可达 50%，阴天时散射能量失去 100%，晴天时直接辐射占总量的最大值，图 4 –1b。

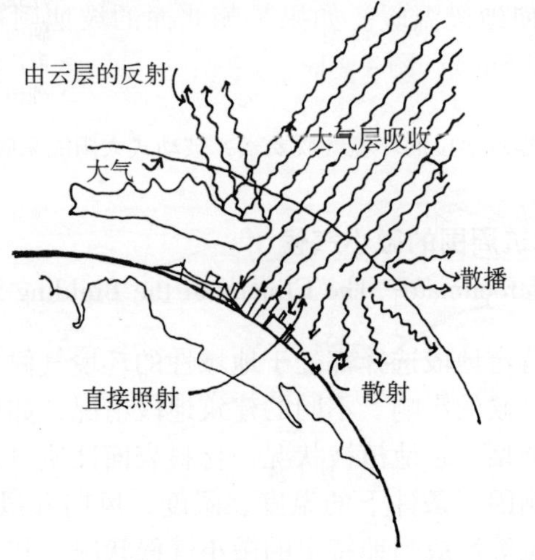

图 4 –1b　太阳能穿过大气层时的反射、流失和吸收

1.3 地域与朝向

Location and Orientation

太阳对地面照射的角度随季节而不同，冬天北方由于太阳对地球照射角度的倾斜，角度低，使太阳辐射的能量较低，太阳由东南升起，西南落日，有限的每小时日照使北方气候寒冷。夏季，北半球较高的日照角度，太阳由东北升起，西北落日，日照时间较长，使大量的太阳热能被地面吸收。太阳在天空中的标志性位置有以下4个日期：

12月21日冬至日，太阳在天空中的最低点，全年最短的日照时间。

6月21日夏至日，太阳在天空中的最高点，全年最长的日照时间。

3月21日和9月21日春秋分，太阳的位置处于高低角度之间，使白天和夜晚的每小时日照均等。

建筑地段的坡度和朝向与太阳的日照辐射量大小有关，北半球冬天当太阳照射角度很低时，西南的斜坡地段能获取较多的太阳照射，可使地段温暖。如果是朝北面的坡地则被称为“寒冷地段”（Cold Site），图4－1c。

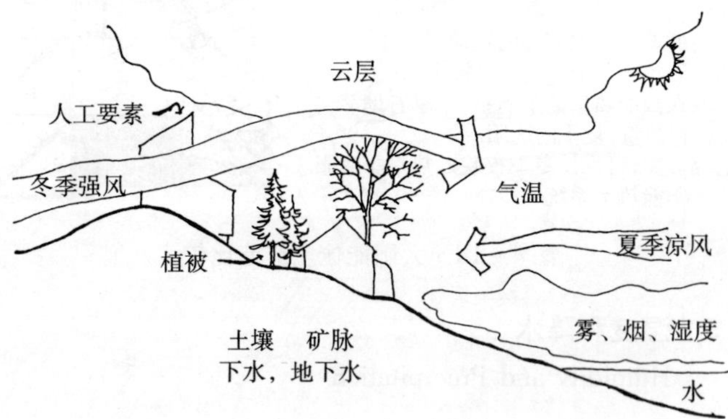

图4－1c 地形条件造成建筑地段的冷与暖

1.4 气温

Air Temperature

建筑中获取的热量或热量的损失取决于室外温度，分析室内外的温度差异，是建筑设计考虑采暖或降温的基本数据，根据室内外的温度差异关系来确定期望的环境设计温度。例如设定了室外的标准气温，为了求得室内的舒适温度，将有一定的温差，要靠建筑设计和安装设施来解决。各城市都有月平均温度的记录，较高的室内外温度差则需要较多的采暖或降温措施。根据全年气温季节和日夜的温差情况确定取暖所期望的最低温度。要细心地选取合理的设计温度，如果设计温度过高，冬季会造成过热的供热系统。附加在建筑上的太阳能房是降低供热需求的有效方法，可达到节能的目的。建筑外露的表面较少，会减少热损失；贮存较多的热量；在寒冷的气候地区需要多层的隔热保温材料。根据设计温度、建筑的热损失和贮热性能而设计建筑的冷热系统。覆土的掩蔽体是最少受外界环境温度影响的内部空间，图4－1d。

太阳采暖住宅特征:

1. 高级保温隔热墙壁与吊顶最少的渗透
2. 辅射板式采暖系统最大的舒适性
3. 集中式新鲜空气交换(保持最佳室内环境自动开启)
4. 通过面南的玻璃获取直接的被动式太阳能热量并贮存于混凝土楼板中
5. 独立获取太阳能热量的阳光室，冬季有助于夜晚贮存热量，夏季的遮阳
6. 滑动的隔热窗，可保持冬季夜晚贮热夏季遮阳
7. 主动式太阳能热水系统

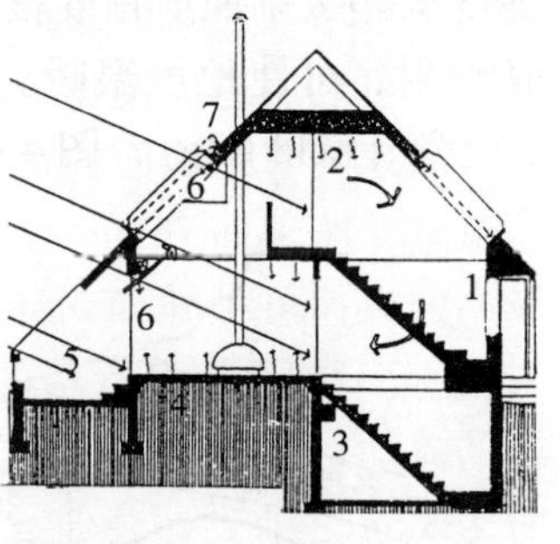

图4－1d 太阳能住宅节能比较

1.5 湿度和降水

Humidity and Precipitation

空气中的含水量和环境湿度有关，并影响空气的温度，空气中的含水量也取决于气温，较高的气温可使空气中的含水量增

多，湿度也是环境舒适度的重要指标之一。降雨或降雪都影响建筑的结构形式，大雪和经常性的暴雨及其方向都是建筑设计的重要环境条件，还需要考虑雨雪在地段上的排水要求。在中湿度情况下可采用自然通风或建筑的阁楼通风方式，以促进水分的蒸发而舒适凉爽；在高湿度地区，紧凑的平面布局，利于安装机械的降温、降湿设备；在热气候地区，还可以在外墙的外部设置蒸发格栅；在多雾气候地区要关注建筑落位的朝向。为了避免晨雾，建筑可朝向西南，直到大雾散去阳光可直接投入室内。

1.6 自然通风
Natural Ventilation

在建筑地段设计中，空气的流动是另一个重要的气象因素，各地区的气象资料均可提供当地不同季节的主导风向和风速，是设计的依据。影响风的环境因素有地形、坡度、朝向以及当地的植被情况及相邻的建筑形态。在任何地段上风的流动都会影响建筑内部的冷暖和内外气候环境。由于通风可增加建筑的散热，由于风压可增加建筑的渗透，夏天的穿堂风可使居室凉爽舒适，因此热天可利用通风使建筑降温，冬季则需要避风措施。

风速随着距地面的距离而有所增加，也因地表面的摩擦而有所减低，距地面76mm时风速仅为距地面152mm时风速的30%。较高的风速可被建筑带走部分热量，0℃的气流当每小时48km时为-7℃静止空气6倍的降温效应。因此要控制建筑地段上空气的流动，例如应把0℃空气的流速从每小时19.3km降到每小时4.8km之前到达建筑，就可以节省建筑所需热能的一半。可采用种植灌木丛、植林、人造地势或构筑物等方法设置风障，以降低风速。

控制气流的基本方法是降低流速和分解流向，建筑在地段上的落位要充分利用自然地形条件，创造利用当地风效应的特点取得环境气候效益。在冬季建筑体的尖角指向风力的方向，使其速度分解，建筑散失的热量有时比用墙体挡风的效果还好。合理地

布置车库或种植树木都能起到保护建筑中热量的作用。覆土或利用天然的地坡也能减少由于风力给建筑造成的热量损失。

利用风障可减弱风力，包括利用多种树木和灌木作风障。设置风障可分散风力或按照期望的方向分流，或越过风障以减低风速。风障可设置不同的高度和分块分片。利用植物作风障，由于树种和灌木的树形、树龄及高度的不同，可降低风速。分块布置有助于林木的防病，常青树种可常年有防风作用，不同树龄的树种可使新生代自然更替，建成持久性的风障。风障的组成密度、高度、形状、影响风的通过强度。风越过风障的顶部和风障后面的建筑再重新落地，因此风障的高度是起保护建筑作用的关键性因素，希望风越过风障时同时也越过建筑，风障的安排成为建筑设计基础设施的一部分。

夏季的风向较冬季有较多的变化，建筑希望引入夏季较多的凉风，又由于季节不同，风的方向各异，既要控制冬季的强风又要不阻碍夏季的凉风，因此在不同地域应采用不同的降温、保暖或通风措施。加强建筑的保暖隔热性能和有效地遮阳都会使夏季凉爽，最关键的建筑处理是在适当的位置开窗通风，使穿堂风通过室内。树木和灌木植被也有助于夏季的降温，在南面作遮阳，西面防晒，同时考虑打开窗户让绿色景观透入室内，图 4－1e、f。

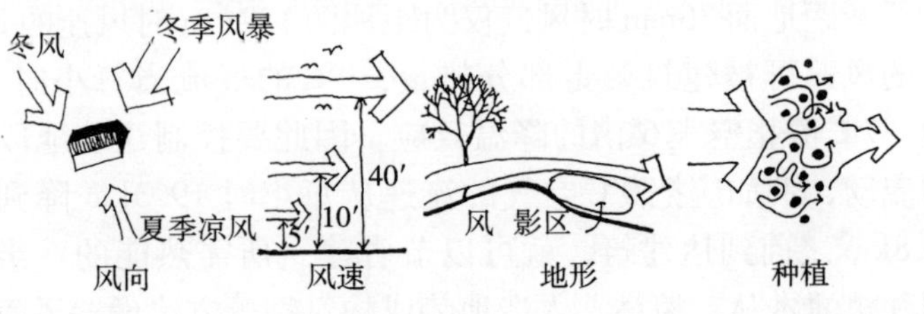

图 4－1e 风与建筑落位分析

1.7 绿化可改善空气质量

Air Quality Improvement Through Internal Greens

植物的覆盖可影响小气候条件，由于植物在地面上能遮蔽吸

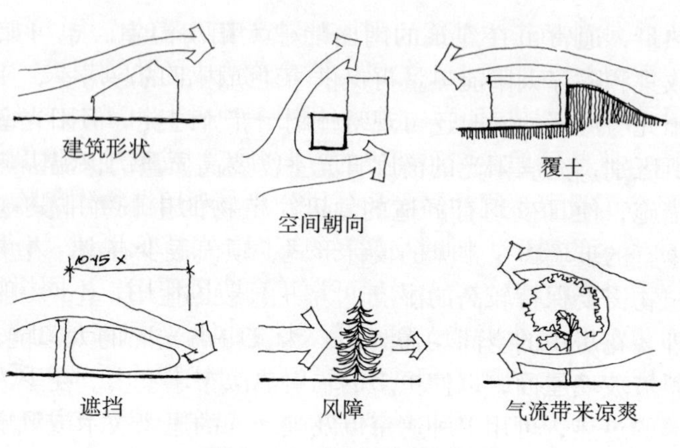

图4－1f　控制风的技术

收太阳的辐射能量并减缓空气的流速，对空气有持久的降温、加湿作用。厚厚的灌木丛或树木的屏障能减低大约50%的风速，在其10倍高度的距离内有效。因此靠近建筑种植林木可减少风力，在建设地段内的草地或湿地也有明显的降温作用。湿的水分对土壤吸收热量有导体作用，可降低白天的气温，覆盖草坪的土地中的水分由于蒸发而使环境凉爽。

室内的门窗，通过玻璃只有少量的热辐射反射或吸收，大量辐射热透入室内，透过量取决于阳光的照射角度和玻璃的材质（短波辐射）。建筑内的物件或植物均吸收太阳的热能并增温，这些热量成长波再辐射。绿化温室的玻璃体内可形成一个长波射线的发生器，携带着原来大部分的太阳能转化为热量进入建筑内部，图4－1g。

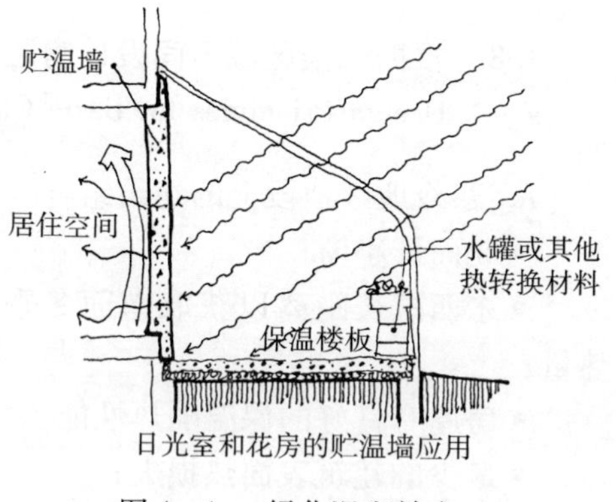

图4－1g　绿化温室效应

为了充分利用太阳

能的热量，通常可在建筑的南面加建太阳房温室，也可兼作花房，收集和贮存太阳能热量再提供给建筑内部的起居室，使建筑享受阳光与温暖的同时还可观赏植物与花卉之美。但阳光室与花房有所区别，充满阳光的前廊日光室需要高质量的保温隔热气候保护措施，使日夜均有舒适的温度。植物的生长并非其基本功能，垂直的玻璃窗是常见的设计形式，顶面很少有窗。花房则不同，植物需要保持较高的湿度，为防止昆虫进入居室，一般除出入口外，花房中的空间均需封闭。为获得高光照的太阳能热量，常用斜坡玻璃屋面，以使更多的辐射热散布于室内。夏季为避免斜玻璃的过热，可用多种遮帘以及被动式的通风技术或风扇等措施。花房的布置及设计有多种多样的方案，图 4－1h。

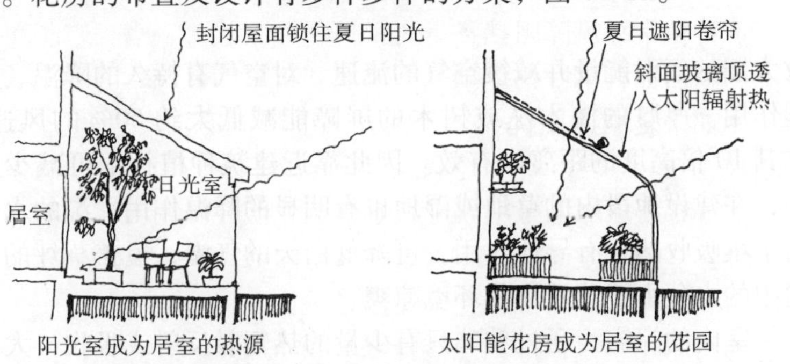

图 4－1h 太阳室和花房之区别

1.8 根据气候区域不同设计房屋

Design Principles for Basic Climate Regions

A. 寒冷地区地段上的建筑组合

- 北面开小窗；
- 东西拉长距离以获取南面冬季最多，夏季最少的太阳能热量；
- 房屋有良好的保温隔热性能；
- 最少的建筑表面热损失；
- 种植常绿风障以遮挡冬季的风暴；

- 东西面种树遮挡夏季早晨和午后的日照；
- 窗上活动布篷或其他形式悬挂物以减少夏天南面过分的阳光穿透；
- 朝向南偏东，冬季可加快增温，夏季有助于减少午后的过热；
- 覆土可最大限度地保温；
- 阶梯式或坡式屋顶可滑落积雪；
- 南面窗前的积雪场地可反射阳光透入室内。

B. 舒适地区地段上的建筑组合

- 北面开小窗；
- 东西拉长距离以获取冬季最多，夏季最少的太阳能热量；
- 良好的保温隔热性能；
- 种植常绿风障阻挡冬季风暴；
- 东西面种落叶树遮挡夏季早晨和午后的日照；
- 如果夏季遮阳优先，南面种落叶树（有时冬季的阳光会被树枝遮挡）；
- 如果要求降温可用固定式悬挂装置代替可调的遮阳板（节约造价），有时晚冬季节太阳光会被大型固定式悬挂装置所遮挡；
- 朝向东偏南可加快冬季增温，减少夏季过热；
- 可采用水泵循环为夏季降温，冬季加热。

C. 干热地区地段上建筑的组合

- 关注新鲜的微风效益；
- 设置大棚遮挡南面窗户和墙壁；
- 建筑采用有良好通风的浅色屋顶；
- 采用保温隔热墙体；
- 覆土可降温和增加湿度；
- 关注天然水面的气候效益特征，水面有助于降温和加湿；
- 高大树丛可遮蔽建筑，并引入微风；
- 开大窗以增加穿堂风；
- 提供接受阳光又能反射热量的玻璃窗。

D. 湿热地区地段上的建筑组合

- 关注室内外空间的通风和微风效益；
- 大出檐、空廊、室外百页窗、反射玻璃可减少太阳能热量进入室内；
- 采用有良好通风的浅色屋顶；
- 采用保温材料的墙壁；
- 种植高大树群以遮蔽建筑并引入微风；
- 开大窗以增强通风效应和降温效果；
- 建筑要有最少的外表面的导热体；
- 采用必要的空调降温、防潮，当需要时可以加热，图4－1i、j。

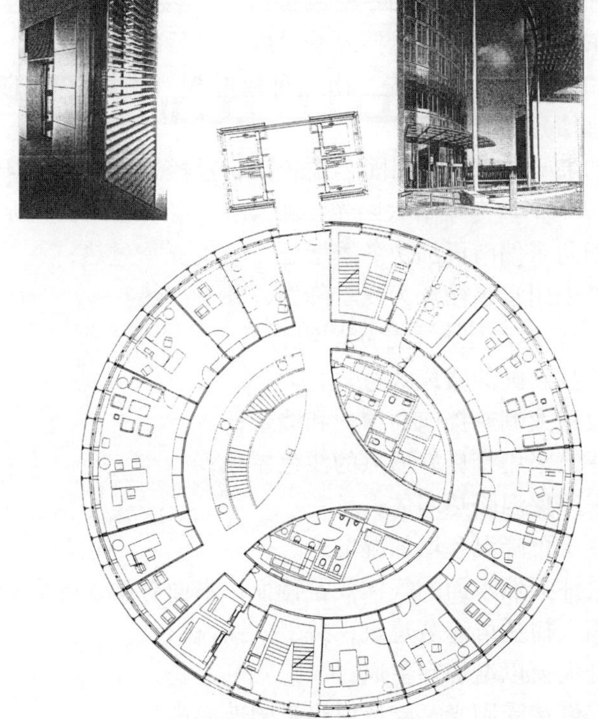

图4－1i 德国埃森 RWE 节能办公楼

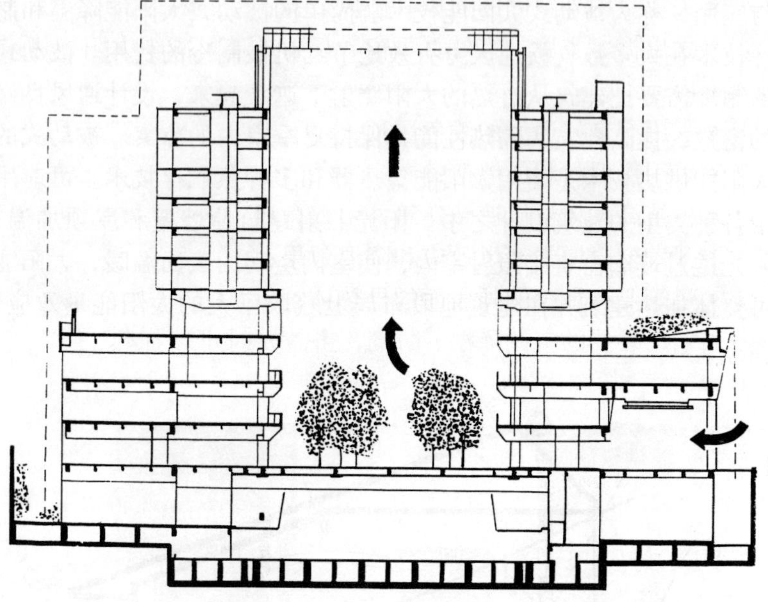

图 4－1j　日本东京 Yasuda 研究所

2. 能与资源再循环
Energy and Resource Recycling

2.1　太阳能
Solar Energy

2.1.1　被动式太阳能加热和降温 Passive Solar Heating and Cooling

以各种方式收集和贮存太阳的辐射能量并应用于建筑设计中称太阳房设计（Solar House Design）。太阳的辐射能量可直接进入居室或把热量贮存于其他领域散放或备用，利用各种建筑材料有不同的传导性能，吸收、贮存热量的性能而使空气增温。运用天然热能的辐射、传导与对流的作用达到天然热能的收集、贮存

与应用，称为被动式太阳能技术。简单的被动式太阳能降温和制冷技术在大多数气候地区可有效地节约机械制冷的费用。被动式的制冷需要把建筑从过热的太阳照射下遮蔽起来，设计通风良好的窗户，提高建筑的隔热性能，保持夏季室内的凉爽。被动式的太阳能供热技术是使用太阳能集热器和多种热贮存技术，可应用于各种类型的建筑设计之中。阳光照射建筑使墙壁和屋顶加温，阳光透过玻璃窗直接照射室内，使室内空间的表面温暖，太阳能可整体加热建筑并在建筑地段布局上获取巨大的太阳能量效应，图 4－2a。

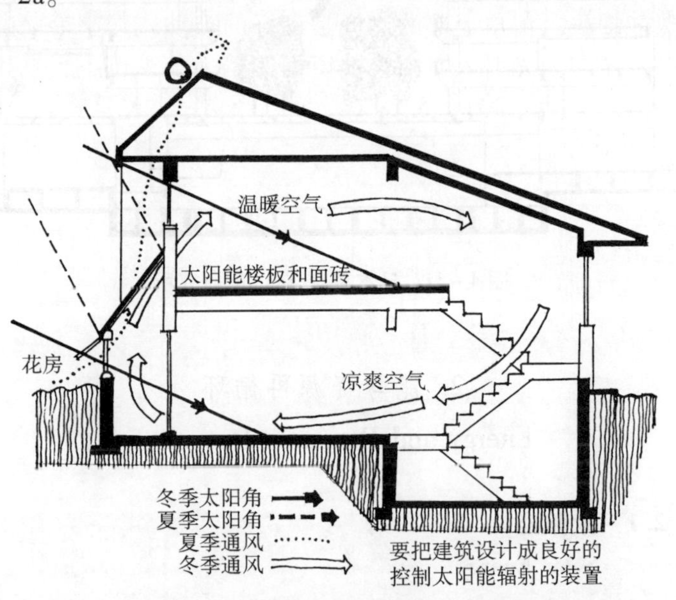

图 4－2a 被动式太阳能冬暖夏凉的概念

2.1.2 建筑的造型与朝向 Building Shape and Orientation

建筑的形体与朝向决定获取直接与散射的太阳辐射能量的多少，建筑冬季需要获取较多的太阳热能，夏季建筑需要减少太阳的热能。长方形的建筑东西向延长的体形最好，太阳能设计重要的是适应当地的气候条件，在不同的气候地区有特殊关注的太阳

能设计要素。

2.1.3 窗户的布置 Window Placement

窗户设计决定房间中可获取太阳能量的多少和热量的损失。冬季南向、东南向和西南向需要开大窗以获取太阳热量；北面开小窗以防止热量损失。东向西向的窗户上常作遮帘，不同朝向，同等面积的窗户在不同地区所能获取的热量不同。使用夹层玻璃可减少夜晚的热量损失，使用窗帘或可闭合的内窗等方法都是廉价的节能措施。窗的部件设计都应考虑减少窗户的热能损失。窗户上部的遮檐是良好的被动式太阳能装置，当夏季不希望阳光射入室内会被窗檐遮挡，冬季也不影响深入室内的阳光，图 4－2b、c。

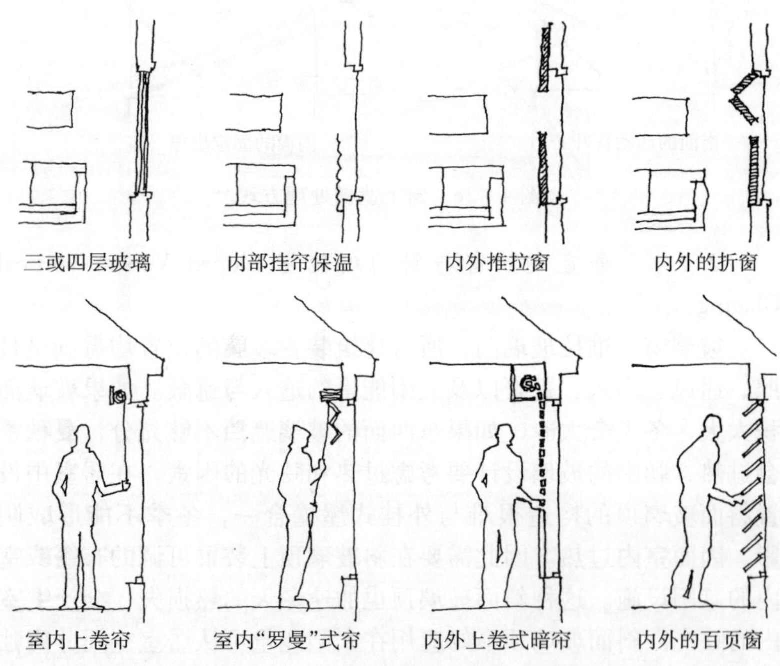

图 4－2b 窗的保温形式

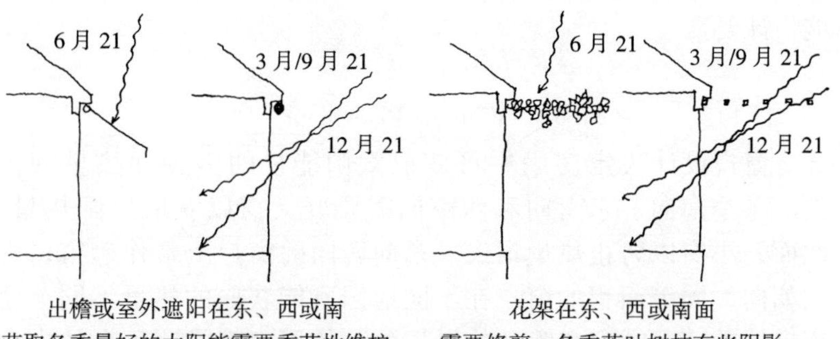

出檐或室外遮阳在东、西或南　获取冬季最好的太阳能需要季节性维护

花架在东、西或南面　需要修剪，冬季落叶树枝有些阴影

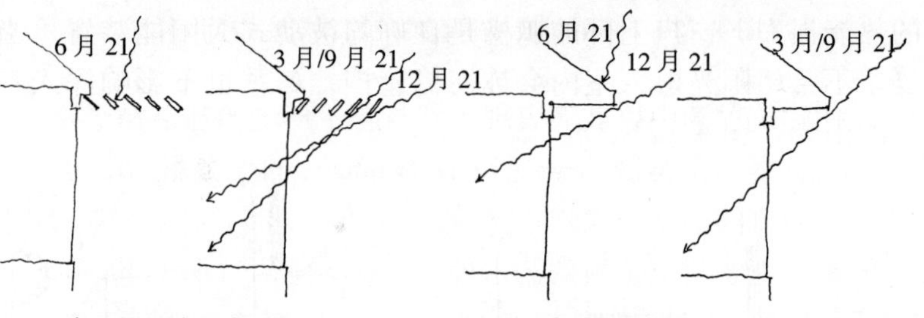

南面的活动百叶

南面的固定出檐

图4－2c　窗上遮檐处理方式

2.1.4　垂直玻璃窗与斜面玻璃窗 Sloped Versus Vertical Glaging

玻璃窗、推拉玻璃门，所有建筑装置玻璃的位置均需满足日照、通风、出入、视野以及太阳能量的透入与遮蔽。如果玻璃面积太大，冬天会太冷，如果东西面的玻璃遮挡不够充分，夏秋季会过热，朝南的玻璃设计要考虑过热和眩光的因素。在居室中设置斜面玻璃顶的构造很难与外挂式屋檐合一，冬季不能形成阴影，因而室内过热。因此需要在斜玻璃顶上装置可调的布篷或室内的遮阳设施。这种斜面玻璃顶也加速冬天的热损失，会产生室内的眩光。斜面玻璃顶最好应用在太阳能量可从居室空间分离独立的部分，不在乎夜晚建筑热量的损失，如花房式阁楼部分，图4－2d。

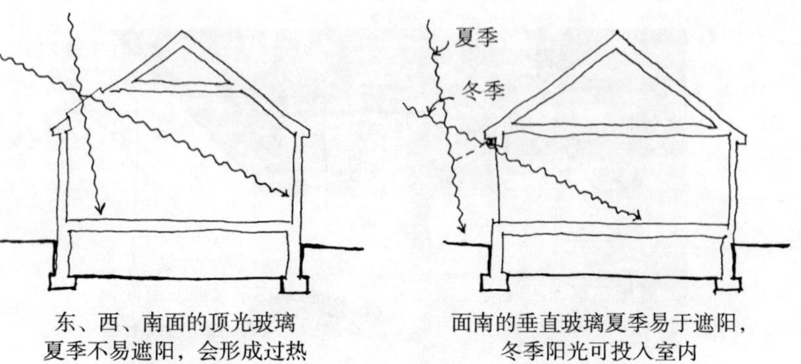

图 4 – 2d　使用斜坡或垂直的玻璃顶居室空间

现代建筑思潮中以玻璃表现生态与自然环境的和谐是吸引人的追求。日本建筑师隈研吾（Kengo Kuma）的作品继承日本禅宗园林崇尚自然的思想表现“玻璃与水”、“玻璃与阴影”的作品，开辟了生态建筑全新的艺术理念。1995 年西竹卡（Shizuoka）别墅，分层次的水面围绕着建筑的边角，玻璃盒子漂浮在水面上，檐顶由不锈钢的百叶片组成，玻璃与水光影的组合。另一处是 1996 年在古马（Gunma）的高尔夫俱乐部，以玻璃的阴影表现空透性为主题，铝条百叶的连续性顶棚由玻璃与天空塑造空透光影闪烁的空间，图 4 – 2e、f。

玻璃本身是穿透太阳能理想的可再生材料，并且造价低廉，透明美观，现代的玻璃技术不仅强度高，而且可制造多种性能的高质量玻璃，生态建筑离不开高能玻璃有感应的表皮立面，因此现代生态建筑的大面积玻璃安装技术十分重要，图 4 – 2g。

2.1.5　温度的变动 Temperature Swings

朝南的大玻璃窗时常透入比实际需要过量的太阳辐射热量，由于楼板、墙和顶棚以及室内装修轻型结构等都吸收了大量的热量，然后再释放出来使室内的气温增高，形成房间之间的热流自然流通，造成一些太阳热能的无效使用。大面积的玻璃加速热量

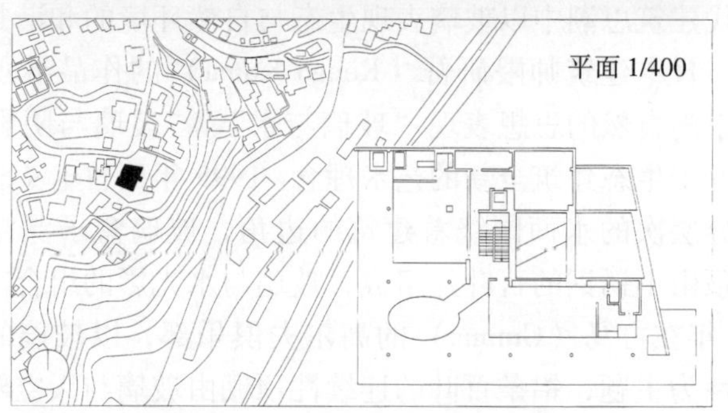

图 4-2e　Shizoka 别墅"玻璃与水"

的损失造成建筑内部温度的大幅度变化，经常夜晚比白天的温度低很多。较大的温差非常不舒适，一般可以接受的温度差变化不应太大，建筑物内部的舒适感同时也取决于湿度的影响。

减少室内的温度变化有两种方法：一是缩小玻璃面积以减少进入建筑的太阳能量，即减少了热损失的数量，保证通常性的室内温度变化。要求房屋有良好的保温隔热性能，避免过量的太阳能热量，就能保持室内舒适的温度，年均太阳能热的获取量在15%～20%左右。另一种方法是白天把过热的热量贮存，夜晚再释放出来，吸收和贮存可使白天的室内温度降低，

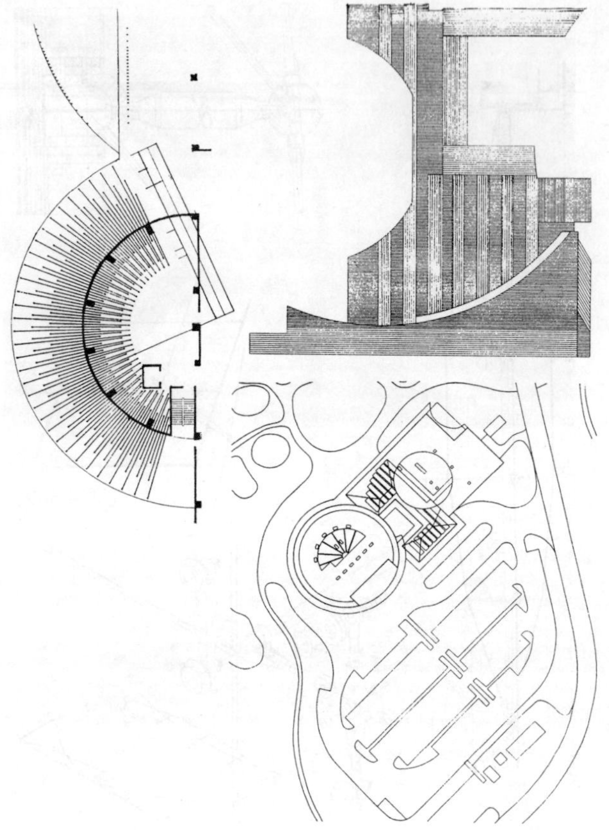

图 4 – 2f　Gunma 高尔夫俱乐部“玻璃与阴影”

夜晚的凉爽减缓，减小温度差的变化。建筑材料的吸收与贮存热能的性质称蓄热能量，一般建筑材料的贮热情况可由表格中查得数据。历史上古代人类就有应用材料的贮热性能以调节室内温度的经验。

2.1.6　建筑结构体保温 Thermal Mass

建筑的结构体种类很多，包括各种墙体、混凝土楼板、石膏板墙面、磁砖地面、石或砖砌的壁炉等。形成建筑内外吸收与贮

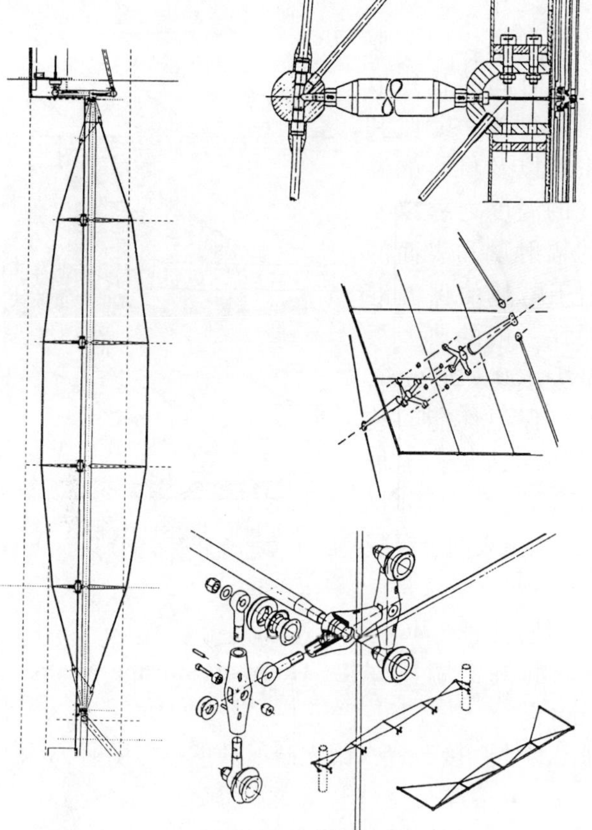

图 4－2g　现代玻璃安装技术

存辐射太阳能热量的体壳，其贮热的能量影响室内温度的变动。建筑在不同的气候地区其墙体的保温性能，表面颜色的反光性能都影响建筑的整体保温。

• 混凝土板的贮热 Concrete Slab Storage

一般的南向建筑除了有 25% 楼板面积的采光玻璃窗面积要求以外，大都是一般形式的抹面装修的混凝土墙板作为保温层。当太阳辐射热照射在板材的外部时，热量即贮存于有装修面层的混凝土板材之中，直到板材的温度比空气更暖，热量才开始散发

至室内空间之中。一般材料的吸收和散热之间需要一段时间，时间的长短取决于材料的种类、薄厚和材质的密度以及材料的温度和空气的温度之差以及太阳能的辐射量和表面的颜色。用于贮热的保温混凝土板要比一般的典型板材厚，至少 100 ~ 200mm，还要有良好保温性能的装修面层，如加抹灰、木板条或面砖等装修。两种材料的连接必须由表面至混凝土板之间的导热，灰浆是良好的中间导体，图4－2h。

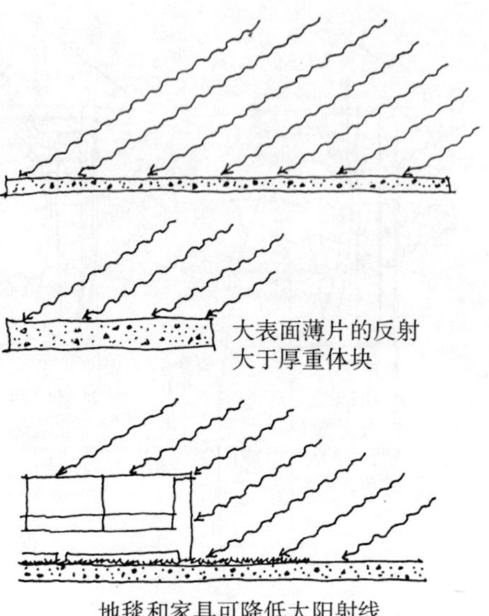

图 4－2h　混凝土楼板的温度贮存

- **抹灰混凝土墙体保温 Thermal Storage Walls Concrete and Masonry**

当保温墙体直接布置在阳光照射的玻璃后面时，称为温度贮存墙的组合，其墙厚与空气传导之间所产生的热效应有“延时性”，当夜晚最需要热量时可把热量散射于空间之中。

朝南的地基墙有外露地面的部分，是太阳房或花房构造中少有的保温墙体，这部分墙体白天贮存的热量夜晚释放出来。南面的承重墙壁可吸收热能并透过墙壁。运用双层的玻璃窗，中间的空气层可减少玻璃面的热损失，垂挂的窗帘也能减少夜晚玻璃面的热损失，有助于太阳热能的保存。建筑南向外墙的保温隔热性能可保证室内的温暖，内部的隔断和装饰板等也能增加室内的热量集聚，楼板和墙壁抹灰也能贮存太阳能热量，这些壁面和装修并非是为了结构功能所组合的。虽然不是依靠这些装修材料贮热获取太阳能量，但是如果室内装修或装饰板很少，建筑的贮热能量将降低，图 4－2i。

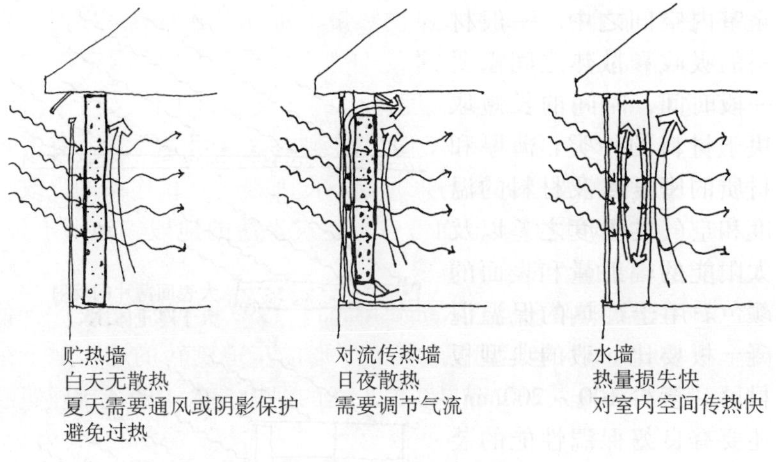

图4-2i 保温墙体

2.1.7 保温水墙 Thermal Storage Water Walls

设置一定规格的透明玻璃贮水装置作墙壁是另一种增加建筑内部太阳能集聚温度的方法，透光贮水管子可涂成黑色或其他色彩，以吸收阳光中的热量并贮存于水中。清透的玻璃还可以透过光线有保温墙壁的功能，水较其他墙壁材料更具有吸收、保存、散发热量的功能，同等体积的水所贮存的热量大于其他大多数墙体材料，即采用少量的水作墙体可比石、砖、混凝土获得更多的太阳辐射热能。水贮热的墙体大多用于无需承重荷载的结构部位，在布局和安全方面必须采用不漏水的构造。通常大多数贮水产品中的水需要硫酸盐的铜色处理，以防止藻类的生长。水的表面覆盖以矿物油，以减少蒸发损失。透明的玻璃水筒直接安置在玻璃墙的后面既能透光，又有助于辐射热在室内的散布，既能采光又有利于热传导，这种太阳能墙体体系通称为“水墙”。

2.1.8 覆土建筑 Earth Sheltered Construction

覆土建筑建于地下，冬暖夏凉，能节约能源，土具有隔热与蓄热双重功能而形成的室内环境。土的覆盖使夏季室内温度低于

室外气候，同时土体又吸收室内热量，所以十分凉爽。以河南省下沉式窑洞的测试为例，夏季室外气温35℃时，窑洞室内气温只有27℃。而冬季窑洞内温度高于室外气温，土体又向室内散发热量，当室外气温为－3℃时，窑洞内气温可达7℃。但古老的窑洞民居的潮湿、通风与采光等不良因素是互相连系的，改善其内部的物理环境必须全面考虑。建筑坐落的地段，地下水位、土的类型、朝向，都十分重要。

日本建筑师隈研吾（Kengo Kuma）1999年设计建成的吉他卡米（Kitakami）老运河博物馆，U形的步道婉转的通入地下空间，建筑与大地景观没有界线，天然的河道与人工的覆土建筑融为一体，图4－2j。

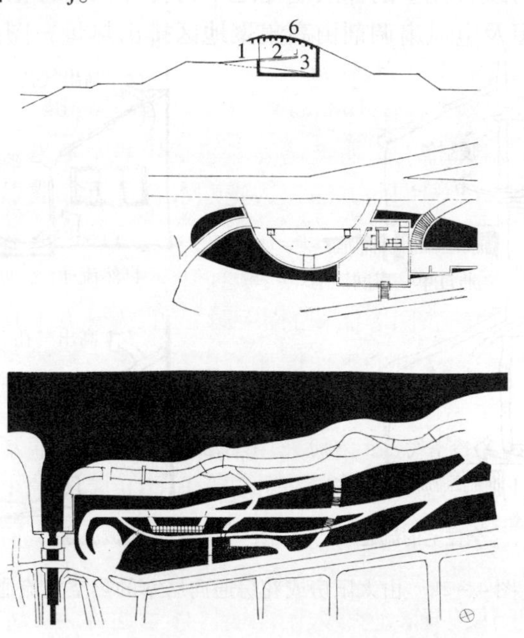

图4－2j　日本Kitakami运河博物馆

2.1.9　日光室和花房 Sunspaces and Greenhouses

直接与住宅平面连接的日光室或花房，可形成获取太阳能热

量的高效区域，把日光室或花房设计成被动式太阳能贮存、散布和利用的装置。为避免日光室或花房大面积玻璃夜间过多的散热，安置灵活的多层保温装置也是必要的。通常在太阳室或花房设计中采用垂直的大玻璃和斜坡的天窗。斜面玻璃顶更会造成夏天过热和冬季过冷，因此在玻璃顶上要有可闭合的装置，与屋面的连接部分也需要良好的保温隔热措施。花房连接居室会给住宅带入绿色的愉悦，但同样也带来夏季过热，和冬季过多的散热问题，并有过多的水分蒸发和凝结以及昆虫兹生等问题。变通的方法常常在日光室或花房部分建造阁楼，与居室部分独立分离开，使白天的加热和夜晚的降温均不影响居室的舒适。把太阳的热能贮存于花房或日光室的抹灰墙体之中再传导入居住空间，同时可安置百叶窗及电风扇调剂由高集聚地区排出热量，图 4 – 2k。

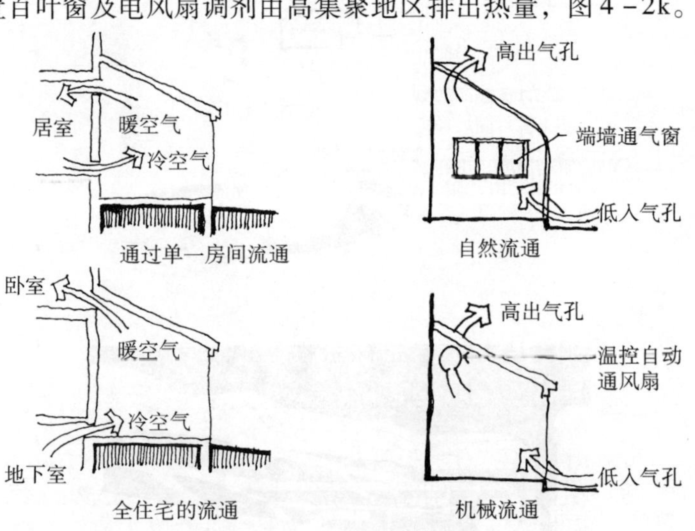

图 4 – 2k 由太阳房或花房通向居室的热空气流通

2. 1. 10 双层高级保温房 Double Shell and Superinsulated Building

双层墙和双层顶棚结构的太阳能房屋是一种中间有温暖空气层夹层环抱的建筑空间，称双层壳房屋，由于双层壳而达到有效

的保温隔热效能。典型的双层壳房屋常带有顶楼空间，其作用如同以顶楼空气层代替覆土保温效应。一般双墙中间有 100 ~ 200mm 的空间，空气从中自由流通，在墙壁中循环再回到顶楼空间或在顶棚中流通。墙中贮存的暖空气使建筑的内外表面形成不同的温度，向内部空间中散热。设计双层房屋常用日光室或花房集热，可增加机械动力促进暖热空气流的循环，图 4－21。

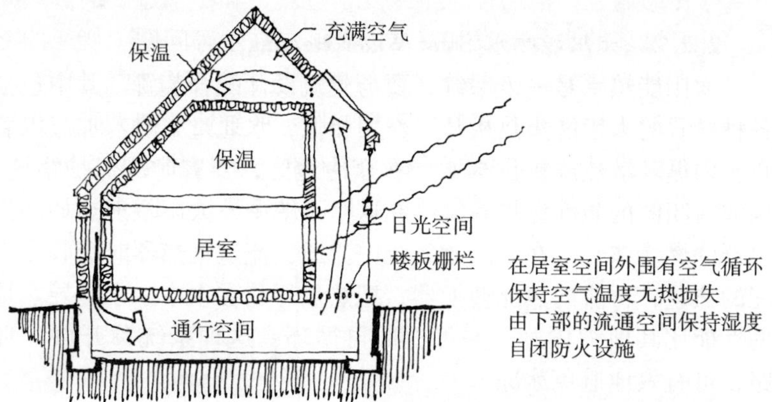

图 4－21　双层封闭结构的利用

2.2　太阳能热水
Solar Water Heating

2.2.1　节能优先 Energy Conservation First

现代家庭每人每天用热水可达 91L，如果按 4 口之家计算，每人每天 68L，一个家庭需要 37L 的热水罐贮量，才能有效地操作。因此节能的首要问题是热能的保护，贮水罐要保温，以玻璃棉包裹最好，使环境温度不影响贮水罐内的温度，不致由水罐的表面损失温度。热水管道要由建筑的内墙通过以避免热量损失并防冻，装设节水装置，如淋浴喷头每分钟 23L 的改装为每分钟 13.6L，同样可保证舒适的淋浴。厕所用热水也有大量节省的潜

力，洗衣、洗碗的池盆亦可减少用量，所有设施的改进对节能都非常有效。使用温度电控开关的热水装置也是重要的节能方法，在家庭热水器中低温的设定从60℃至70℃，循环使用可保持贮水罐中的水温至第二天使用。设定的温度高低要适当，设置50℃除了洗碗以外的大多家用热水的温度已经足够，50℃洗浴时仍需混入冷水，还可更低一些。

2.2.2　太阳能热水 Solar Water Heating

太阳能热水是一个系统，要与建筑设计配合装置，其中包括各种样式的太阳能集热板片，作用相似，水通过集热器加温以后在室内循环散热或提供热水。在寒冷地区，要有防冻保护措施，构成封闭圈的防冻保护系统。在这个系统中，太阳辐射热如同集热器的燃烧体，水在封闭圈系统中流通，流过集热器时吸收太阳能的热量，再流向热能转换器，把热量释放在水中。水传导热量的性能比其他液体好，并可返回再循环，这种系统称开放式环路，可有效地避免冰冻。

另一种再循环系统水泵压水通过集热器，其运作与控制和封闭环路系统相似，但其循环管路在室外露天部分有结冻的可能，因此在每年冰冻期少于20天的地区采用此系统。

回排水系统是当水泵停运时可自动排水以防冻，每天通过热转换器的水循环也和封闭环路系统相似。当集热至一定温度时可自动起动水泵，收集与转换热能自动化，当日落或阴天时控制器自动切断水泵的动力，可由重力排水于贮水罐之中，下一个晴天日，系统又重新运转。

恒温式系统也利用开放式环路，直接由太阳能聚热器加热的水提升至贮水罐中贮存，这种系统用于北方较温暖的地区较冷季节的加热。

其他形式的太阳能热水系统有组炉式（Batch－Type），由几个热炉组成大容量的加热器白天加热，特别的吸热装置在冷水供应线之间的水罐加热，太阳能集热器之间热水流动，是一种简

单、便宜、有效的系统，图4－2m。

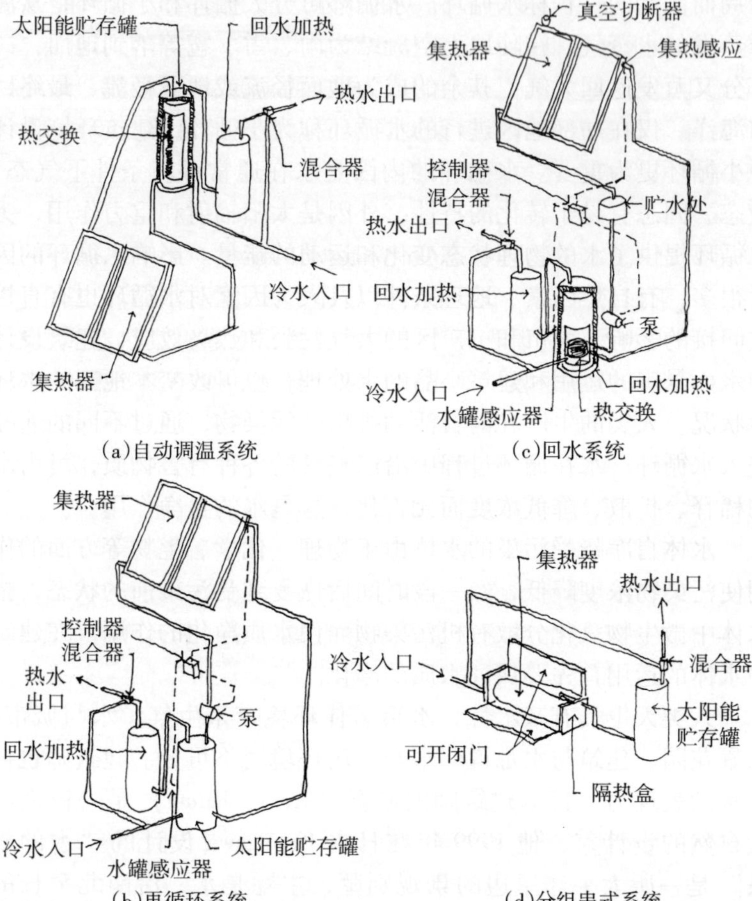

图4－2m 太阳能热水的类型

3. 水 循 环

Recycled Water

在太阳能和地球表面热能的作用下，地球上的水被蒸发为水

蒸气进入太空，遇冷凝结成水，在重力作用下降水落到地面，这个周而复始的过程称水循环。水循环可分大循环和小循环，从海洋蒸发的水蒸气，在陆地上空凝结为雨、雪、雹等落到地面，一部分又蒸发返回大气，其余的成为地面径流或地下径流，最终回归海洋。仅在局部地区进行的水循环称为小循环，建筑环境设计中小循环更为重要。水循环的内因是水在通常环境条件下气态、液态、固态有易于转化的特性，外因是太阳辐射和重力作用，为水循环提供了水的物理状态变化和运动的能量。影响水循环的因素很多，有自然因素、地理条件以及人为因素对水循环也有直接或间接的影响。城市和工矿区的大气污染和热岛效应，建筑设计中水面景观的运用和建筑小品的水处理，也可改变本地区的水环境状况。人类的生产和消费活动排出的污染物，通过不同的途径进入水循环，水在循环过程中沿途夹带的各种有害物质，可由水的稀释、扩散、降低浓度而无害化，这是水的自净作用。

水体自净指受污染的水体由于物理、化学、生物等方面的作用使污染物浓度降低，经一段时间后恢复到受污染前的状态，指水体中微生物氧化分散有机污染物而使水质净化的作用。在建筑中水体的运用首先要保证水质的净化。

人类天生具有亲水性，水给居住环境带来生气，水与城市、水景花园、建筑与水都说明水与人居环境密不可分。建筑师也偏爱水的表现力。日本建筑师隈研吾（Kengo Kuma）是一位面向大自然的设计家，他 1999 年在日本 Kanagawa 设计的“水的板条”是一所太平洋岸边的景观别墅，主题是水，沿南北窄长的地段上划分为三段，景观分别以水、木头、建筑命名。水景是一个长 25m 的水池，是在楼板上下分层的一个水池，故称“水的板条”。卧室居中心空间，有优美的水景，两边有由铝条构成的“软体”墙壁，形成与外界的隐形边界，以水创造了建筑时间性的新设计理念。隈研吾 1994 年设计的威尼斯二年展场中的“乡土数寄屋”展览厅是布置一件现代艺术品的展示空间，建筑内部有 50mm 深的浅池，池上飘浮着 700mm 宽的木条步道小径。

用日本庭园的传统手法设计了人的流线空间，沿着水的表面观赏艺术品之美，水环境的艺术质量达到了高超的境界，水上的步道把室内外融为一体。是日本传统园林心理意境的再现，图 4－3。

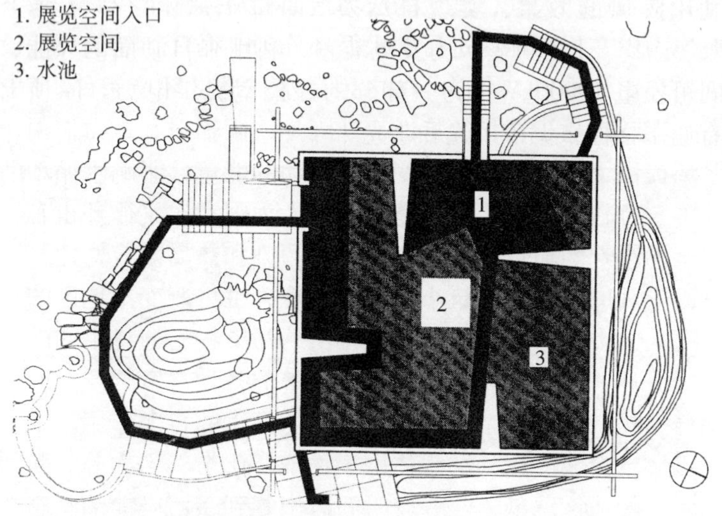

图 4－3　威尼斯二年展场日本“数寄屋”平面

4. 风　　力

Wind Power

气流运动的方向和速度、风向和风速、风的成因以及地理条件有密切关系。我国冬季多为西北风、北风；夏季多为东南风、南风。由于地面上局部地貌、地物的不同，所引起的小范围的空气环流称为地方风，如水陆风、山谷风、庭园风、巷道风等。在建筑总体规划和单体建筑设计中应充分注意和利用地方风，为了直观地反映一个地方的风向和风速，通常用风玫瑰图表示，用于决定房屋的朝向，组织良好的通风和考虑建筑热耗等。

天然风动力的应用，如风力发电、提水等技术已在欧洲广泛应用，日本建筑师川口卫 2000 年在天津设计的“天鼎”居住社

区中心方案中有一“风轮走廊”，是在宾馆和写字楼之间，利用中庭的自然换气效果。圆形的“风轮”宾馆和写字楼所形成的各自的空间和风的气流路线形成的“风轮走廊”能够积极地充分利用阵风的效果，实现自然换气。位于风水之气轴线上的“风轮走廊”上部配备风力发电装置，利用来自湖面的风能，一年间可发电 10000kW，为一部分的办公室提供电力。屋顶上设置有遮阳格栅来调节采光和遮光。

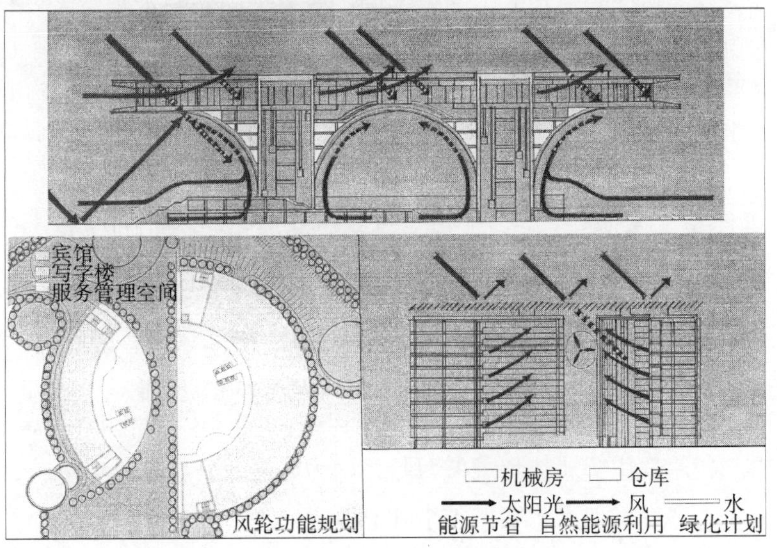

图 4－4 “天鼎方案的自然能源利用”

天鼎方案的节能计划还包括自然采光，降低热负荷，以绿台植树覆盖整个建筑。屋顶上设置天窗具有充分的采光和遮光功能，能够降低风轮的热负荷。考虑了输送能源的高效省力化，能源的高循环化。在天然能源利用方面，风由湖面吹来沿曲面建筑的气流夏季可达到冷却外壁的效果。屋顶上装有 2 万个太阳能电池嵌板，一年中可以发电 10 万 kW，可提供办公室 $2000m^2$ 的照明电力。在雨水利用方面，“天鼎”的 $3000m^2$ 大屋顶板面贮存的雨水，可提供设施内厕所用水及地面绿台的灌溉用水。利用墙

壁大曲面反射采光，“天鼎”屋檐下大曲面的反射性金属嵌板，对地面绿台及天井可间接接受湖面反射的自然光。在绿化设计方面，绿台提供充分的自然光和新鲜空气，利用树木的冷却空气效果，抑制夏季社区中心内的温度上升，缓解都市的热岛现象。利用绿化缓解废气污染。在停车场空间建500mm宽植树带，缓解由汽车尾气造成的环境污染。在室内环境净化方面，中庭空间中的常绿树木可充分吸收由采光天窗射入的阳光，常年净化室内空气，有绿色的治愈功能。随着不同季节每天阳光的不断变化，树木也时刻变换色彩，表情各异，而且以圣诞和春节为顶峰的在灯光照耀下的明媚绿色，使聚集在公共空间设施中的人们找回内心的宁静（图4－4）。

5. 生 物 能

Bio-Energy

太阳能的间接利用——生物能的循环

• 生物能循环的最简单形式为立体种植，可以美化环境，利用空间增加生产性，同时又可起到保温、截水、净化空气等效果，普遍适用于居住环境的改善。

• 室外环境生物能循环利用，是20世纪80年代初西方国家开始的持续农业（Permaculture）设计，最初主要研究市郊农业的发展，现在已经扩大到对城市中的开放空间。当今建筑室外环境中发展农业问题的研究，也在实践中取得很多成功经验。美国东部的研究表明，合理开发约0.4ha（即一英亩）土地，可以养活一个4口之家。其主要设计思想包括，在室外发展种植业、养殖业，为居民提供食品来源，有机废物通过生态循环工艺提供生活能源和发展农业的肥料，既节约能源又保护生态环境。

• 室内生物环境设计，将人与自然生态系统的一些因子，如植被、土壤、生物群集中在一个建筑结构内，太阳能、风能等提供水循环、能量循环等自然生态过程所需的能源。人作为物质、

能量转化的一个功能单元，与其他组成部分和谐共生，形成一个稳定的生态系统。1991 年 9 月 26 日美国亚利桑那沙漠中进行的“生物圈二号”计划有代表性，8 人与 3800 个物种将在一个 8 层的建筑内生存两年，室内有微缩的沼泽、海洋、草原、沙漠、热带雨林等生态系统、空气、水、营养物质将在其中循环，此设计用以获得太空生存及密集城市内食物、营养物质循环的实际经验。

• 沼气（Marsh Gas）

有机固体废物通过厌氧微生物的生物化学反应生成甲烷等可燃气体，在自然界中沼气多从沼泽底的泥中发生，因而得名。沼气是有机物在隔绝空气和保持一定的水分、温度、pH 值条件下，经过微生物的分解作用而产生的。制取沼气须具备的条件是厌氧环境及发酵原料，适宜的干物料浓度，适宜的 pH 值和发酵温度。中国农村制取沼气的设备简单，一般 5 口之家和养两头猪的农户所排出的人畜粪便加上每天 3 ~ 4kg 秸杆发酵制取的沼气，可供烧饭和照明使用。牲畜养殖场可建较大的沼气池和沼气发电站，发酵后的物料制成优质的有机肥料。

• 生物净化（Biological Purification）

生物类群通过代谢作用（异化作用和同化作用），使环境中的污染物减少，浓度下降，毒性减轻，直至消失的过程。陆地生态系统的生物净化作用包括植物对大气污染的净化作用和土壤——植物系统对土壤污染的净化作用。绿色植物树木和草坪可吸收二氧化碳，放出氧气；能降尘滞留和过滤；减少空气中有害物质含量；减少臭氧发生，光化学烟雾污染；过滤杀菌作用；吸收净化某些金属；减轻噪声。土壤植物系统可使植物根系吸收、转化、降解、合成作用；土壤中真菌等微生物区系的降解、转化、固定作用；土壤中动物区系的代谢作用。淡水生态系统的生物净化作用，水体中的细菌、真菌、藻类、水草、原生动物、贝类、昆虫幼虫鱼类等生物，对污染物会产生生物净化作用，细菌起主导作用。许多种水生沼生植物，如芦苇、大米草，对水中悬

浮物、氯化物、有机氮、硫酸盐均有一定的净化能力。水葱、风眼莲（水葫芦）、绿萍、金鱼藻、菱角等都有吸收水中某些重金属元素的作用，这些植物还能提供生物能源甲醇、乙醇、沼气。海洋生态系统的生物净化功能中降解石油烃的微生物主要是细菌、酵母、放线菌和丝状真菌。

日本有许多水质净化的方法，即使采用水质良好、清净的流入水进行循环，对于大规模人工造景池也不可能完全防止水质恶化，因此要采取一些防止水质恶化的辅助手段以及净化方法。

（1）蓄留水的循环净化，如福冈市的大濠公园。

（2）池水的爆气，水中溶解氧气减少，形成嫌气性环境是池水水质恶化的原因之一，防止的方法可采取在湖面上设置喷水，强制性混入空气的方法；在湖底附近设置气泡发生装置，强制性送入空气的方法。在湖面上设置喷水，除了能够实现水质净化的目的之外，作为二次效果，还可以起到簇团喷水美化城市的作用。

（3）岸边浅滩，芦苇塘的设置，在造景池岸边周围设置水深较浅的浅滩，可以获得好气性环境。由此可以期待通过微生物实现水质净化以及通过蚬子和田螺等实现底质净化。此外，通过设置芦苇塘除了具有可以降低洪水等来自外部的水流，防止向底质的湖沼扩散的捕集性要素的功能之外，还能够充分获得由于芦苇自身的营养盐吸收效果实现的水质净化作用。

（4）利用生物多孔混凝土实现水质净化。自然界本来就具备自身净化的作用，这种作用是以细菌为中心的生物生态系形成的，为了不丧失这种自身净化的作用，需要维护生物之间活跃的食物链环境。生物多孔混凝土由多孔性材料构成，用于附着生物的块状结构，适合栖息多种多样的生物。将其设置在水畔可以使得食物链的活动更加活跃，生物将水中的有机物摄取到体内，可以有效地完成水畔的净化作用。如果将这种技术作为大规模人工造景池的水质净化措施，可以维护湿润和安闲的水畔环境。生物多孔混凝土的特点是：表面积比较大，便于微生物附着；空心结

构，可以同时形成内部嫌气性，外部好气性的不同环境；形成大小不同的各种空间，便于多种生物栖息，适合建立食物链；由于附着的生物在与自然循环相同的环境下生长，较难产生空间的闭锁；通过生物进行的有机物摄取和物理性过滤作用，使得净化能力的稳定期间较少；由于无须进行化学性处理，因此不发生运行成本。

（5）通过浮岛植物实现的水质净化。由于芦苇等植物具有水质净化的功能，因此也可以采用在不受池水水位变动影响的浮岛上种植植物的方法，图4－5a、b。

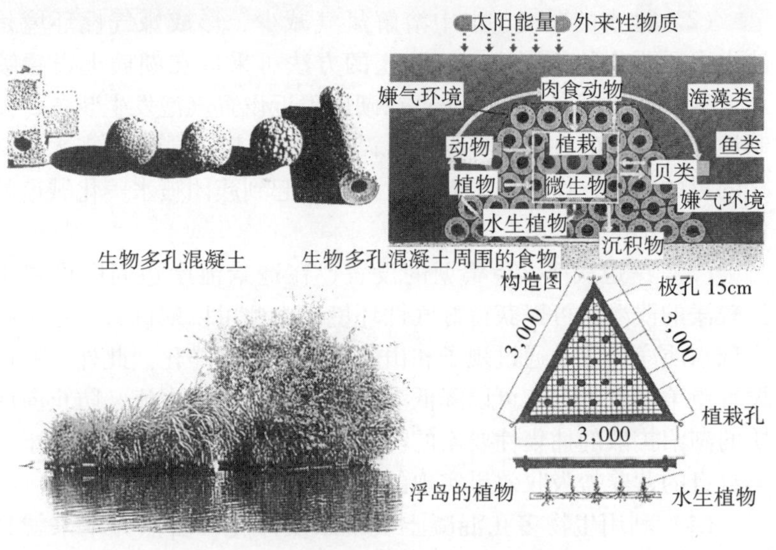

图4－5a 生物多孔混凝土和浮岛植物

在湖沼以及内湾等闭锁性水域，经常发生水花，红潮以及贫氧化等水质问题。作为主要的水质改善措施，虽然实施污浊底泥的疏浚，以及覆盖砂土。但是却在确保疏浚土的处理场地和倾倒场所方面有困难，以及准备覆盖砂土的困难等，希望开发处理水域内底泥的新技术。底泥置换覆盖砂土工艺是将污浊底泥下的堆积砂质土通过喷射水流进行砂土覆盖的方法，不会搅乱污浊底

泥，可以充分利用这种技术作为现状的池塘底质净化措施，或者作为将来大规模人工造景池底质恶化的水质改善措施。底泥置换覆盖砂土工艺的特点是：原位置处理的工艺，可以获得净化效果；可以获得生态修复效果；不影响蓄水容量；低成本的净化工艺，图 4－5c。

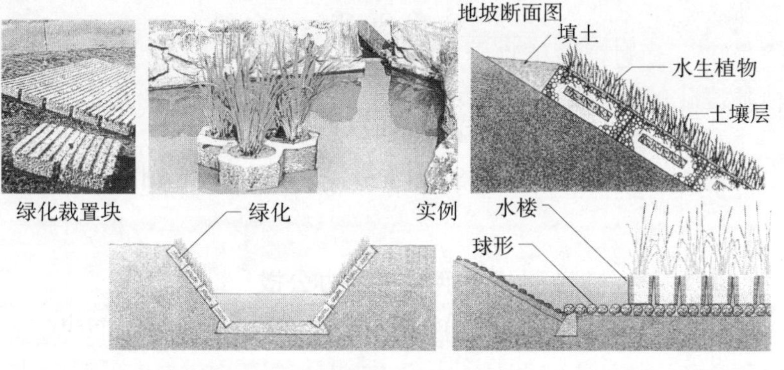

图 4－5b　河、塘、湖的水质净化

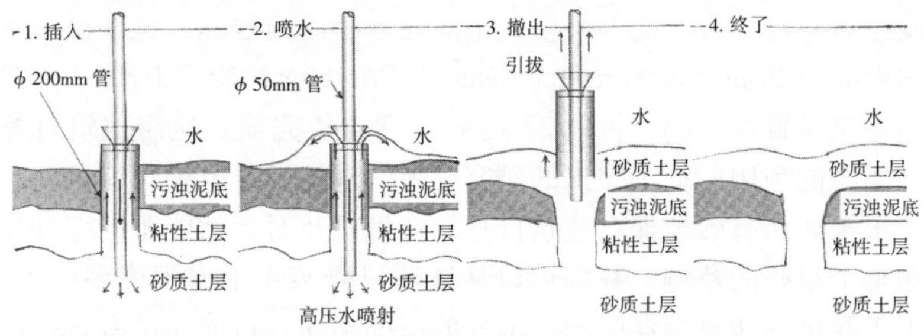

图 4－5c　底泥置换覆盖砂土工艺的施工步骤

第五章　实例分析

Case Studies

1. 综合节能办公楼的新趋势

New Trends of Save Energy Office Building

1.1　普林斯顿大学的两座实验办公楼

Two Examinal Office Building in Princeton University

由美国普鲁丹特尔公司（Prudential）、SOM建筑师事务所以及普林斯顿大学建筑系（Princeton University）联合研究建造了两座试验性综合节能办公楼，坐落在新泽西的普林斯顿佛锐斯塔尔中心（Princeton Forrestal Center，Princeton，New Jersey），两座建筑布置在一起，占地23英亩，1983年完成。这组建筑对综合能源的利用取得了突出的研究成果。建筑设计也很有特色，对于未来如何有效地保存建筑自身的能量以及对天然能源的综合利用是个很好的范例，我们可以从这项研究实践中得到许多启示。由于我国的能量消耗问题与国外的情况不同，目前还没有直接仿效的意义。但是在今后的建筑设计中考虑充分利用天然的能量，运用传统的方法综合各个方面的节能措施，对我们未来的设计工作会有很多启发和参考意义。

普鲁丹特尔公司是美国最大的商业办公机构之一，每年有很大的投资用于办公楼建设，由于能源造价的逐步上升，而建筑中能量的消耗占办公楼租金的很大比重。因此，该公司于1979年以30万美元作为基金，给普林斯顿大学环境与能源中心的科研

组研究办公楼的节能新技术。研究工作始于1980年春，经过初步的试验研究以后，决定建造两座试验性节能办公楼。1983年建成之后，其综合节能的效益比一般常规办公楼节能6倍。虽然建筑的每平方英尺的造价有所提高，由于惊人的节能效益却可以很快地收回这些投资，并且能够大幅度地降低办公楼的租金。普林斯顿的这两座节能建筑已成为美国建筑节能方面设计的典范，展示了未来综合节能建筑设计的新趋势。

对办公建筑中所获得的外界和室内各种能量所占的比重的分析表明，最大量的是太阳光能占35%，其次是太阳热能占26%，其他方面如冷、热、通风、设备等产生的能量均占较小的比重。光芒四射的太阳是一个巨大能源，光能即太阳辐射能是指地球表面所获得的太阳能的总和。太阳总辐射能，包括直射辐射与散射辐射两部分。综合节能所考虑的基本原则是如何最大限度地利用日光的能量来减少电能的消耗，采用有效地控制太阳辐射热量的办法，在冬季利用太阳辐射热量来补偿热损失，在夏季控制住太阳辐射热量不得进入室内，以减少建筑内部所需要的冷负荷。根据这些原则，SOM事务所设计了两座别致的综合节能建筑，两座建筑的平面体型及内部布置相同，面积相等，均为三层，但有各自的特点。两座建筑各自环抱着一个三层楼高的中央大厅，两座建筑以中央广场分开，大厅全部面对广场。在布置上考虑了两座建筑各自大厅的朝向，由中央广场把两座建筑连系起来。南面的建筑用实体材料做外墙，门窗是在墙上开的孔洞，朝南的窗户较大，东、西和北面的窗户较小；北面的建筑四面都是由大片玻璃幕墙维护，构成双层玻璃墙保温构造。出乎意料之外的结果是北面的玻璃外墙建筑居然比南面实体墙建筑取得更高的节能效益。

南面的建筑设计着眼于自身的能量保护，运用地下水作为冷热源。冬季使用地下水系统供暖，打了一个107m深的水井，水温正好11.1℃，利用天然地下温水进一步加温后在室内循环，保持冬季室内的热量。夏季室内的热量被低温循环的地下水吸收而使室内降温，形成一个天然的用地下水循环的调温系统。同时

在南面建筑窗户上用软百叶控制日光的照射，有效地利用和控制阳光进入室内的热量。在实体墙上各个立面的窗户大小不同，南面较大。在窗亮子部位作成折光百叶，通过改变叶片的角度，调节日光进入室内的方向。夏季折光百叶可以挡住进入室内的阳光与热量，把太阳辐射热量减至最小，并把光线折射到天花板上，以减小照明电能的消耗。冬季折光百叶可以让阳光充分进入室内，以补偿热量。西面和北面的窗口减到最小尺寸。由房间环抱着的中央大厅有三层高，设在建筑的北面，以天窗采光。冬季的阳光由天窗进入大厅，以加热大厅中的空气，保持大厅的热量。大厅中的热空气可以输送到周围的办公房间中去。夏季由于日照角度高，天窗的阴影和出气孔可以控制大厅的温度。

北面的另一座试验建筑采用旁边的天然水池作为夏季制冷的能源。用冰窖的原理把冬季天然冰贮存在巨大的冰池中，水池上面有可以开合的白色塑料顶盖覆盖，冬季打开顶盖自然冰可供夏季使用。夏季融化的冰水由池底下面通入建筑中的循环系统，在建筑中通过热能的转换，吸收热量而使建筑内部降温。夏木，大冰池中保持的冰水，仍足以维持对建筑的供冷，图 5 - 1a。

玻璃也可以是保护能量的有效材料，这座建筑采用了双层玻璃墙的构造。全部建筑的维护结构是由两层玻璃墙组成，内层包括双层玻璃窗，从只有 760mm 高的窗槛墙到天棚之间全是窗户部分，窗户与建筑的玻璃外套之间有 300mm 宽的空间层；外层是一个单层玻璃的巨大封套，把全部建筑套在里面，好像一个玻璃制作的保温暖水瓶外壳一样。和南面的那幢建筑相反，中央大厅布置在建筑的南面，形成一个三层高的，由房间包围着的玻璃庭院。这个朝南的中央玻璃大厅如同一个巨大的太阳能收集器，冬季透过玻璃的太阳辐射热，加热了大厅内的大量空气，由顶层输入到双层玻璃墙的空间层中，再流到东、西和北面的双层玻璃封套内侧的空间层中，形成一圈热空气的封套，保持建筑最少的热量损失，并把太阳能的热量贮存于双层玻璃墙中，这些热量足够维持夜晚和阴天时散失的热量。夏季大厅的天窗阴影和折光百

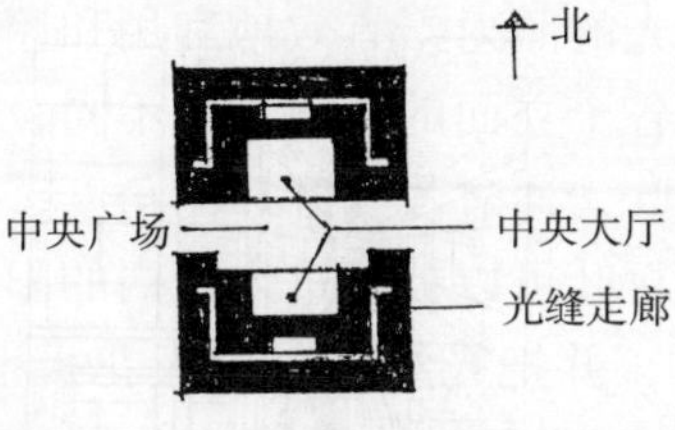

北
中央广场
中央大厅
光缝走廊

1) 建筑平面图

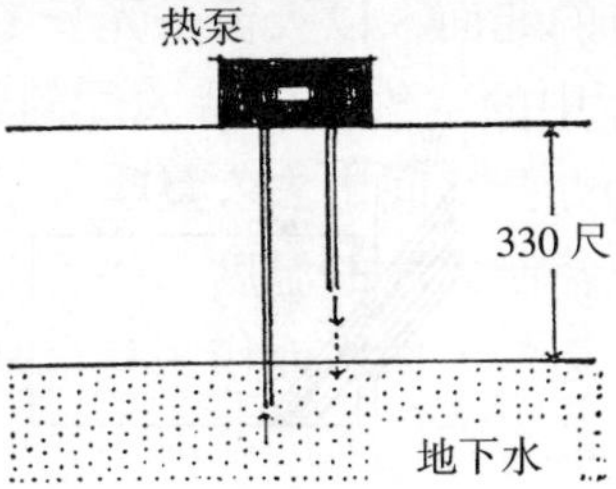

夏季
中央大厅
办公建筑
南
直接光
北
直接光
扩散光

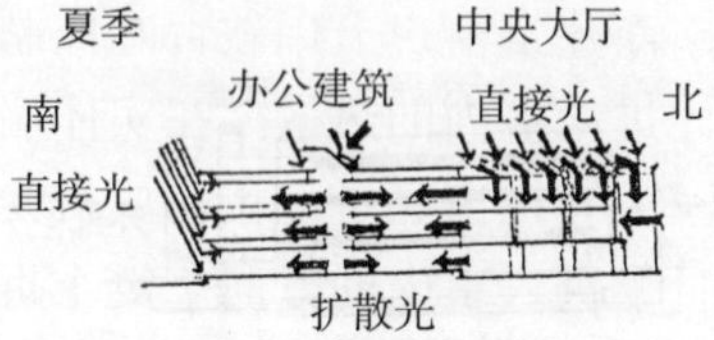

5) 南面的建筑夏季的光照情况

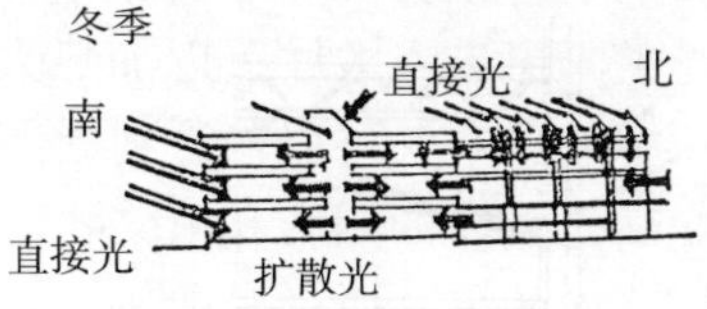

热泵
330 尺
地下水

2) 冬季南面的窗户

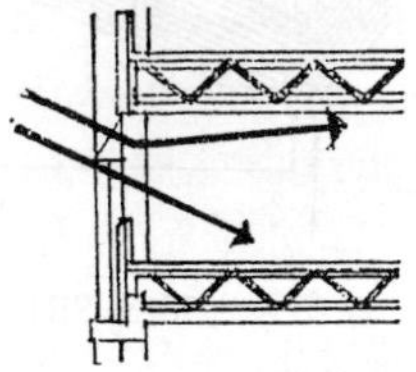

冬季
直接光
北
南
直接光
扩散光

6) 南面的建筑冬季的光照情况

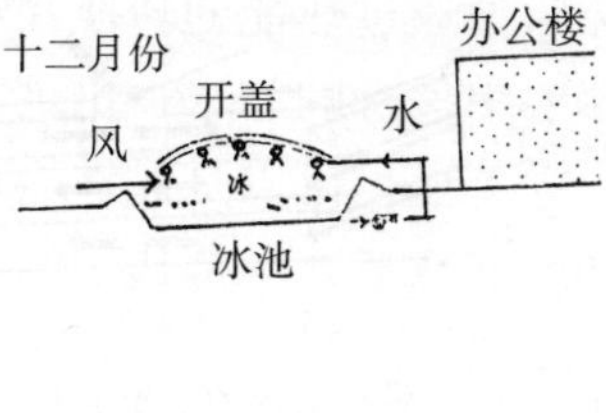

3)

十二月份
办公楼
开盖
风
水
冰
冰池

7) 北面建筑的天然冰池

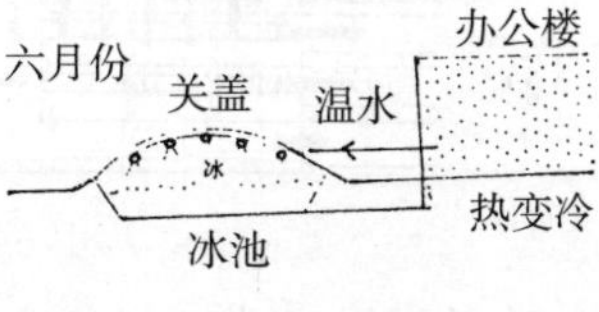

六月份
办公楼
关盖
温水
冰
热变冷
冰池

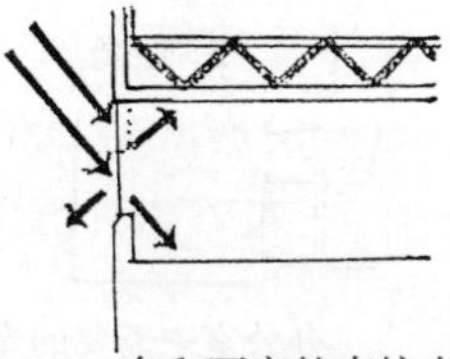

4) 东和西窗的直接光线

8) 北面建筑的天然冰池

图 5－1a 综合办公楼的节能设计

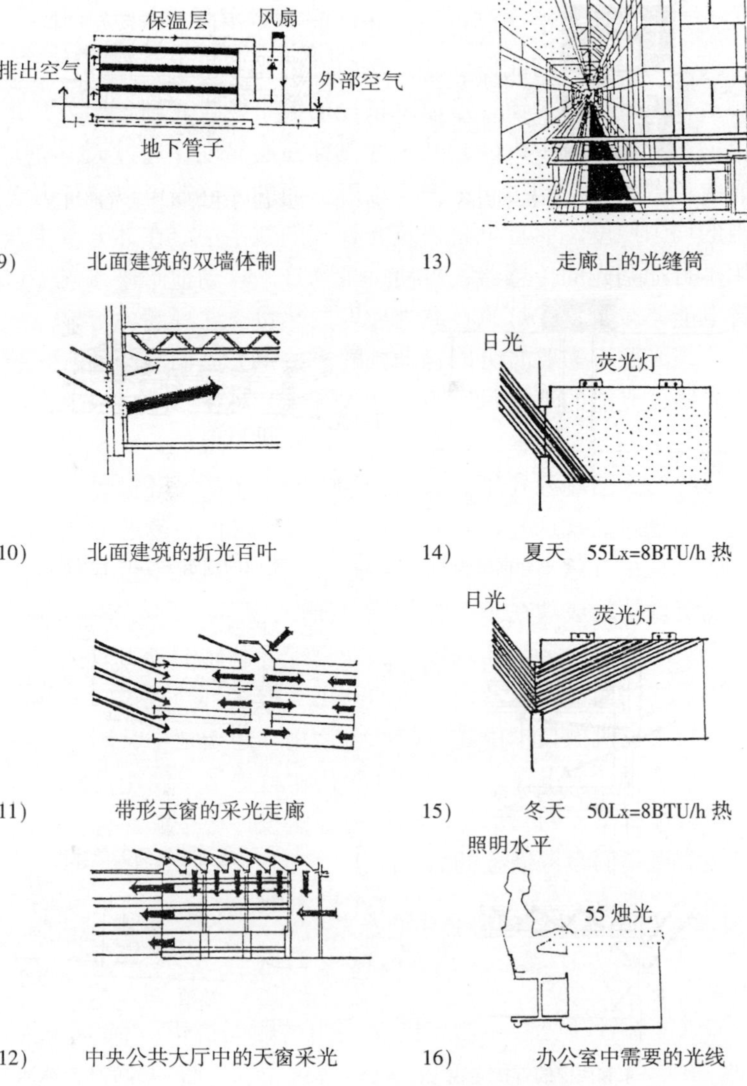

9) 北面建筑的双墙体制

13) 走廊上的光缝筒

10) 北面建筑的折光百叶

14) 夏天 55Lx=8BTU/h 热

11) 带形天窗的采光走廊

15) 冬天 50Lx=8BTU/h 热

12) 中央公共大厅中的天窗采光

16) 办公室中需要的光线

图 5－1b 综合办公楼的节能设计

叶以及双层玻璃墙中间的折光百叶可以挡住多余的阳光热量，只进入需要的光照水平，以折光百叶反射到天花板上。

南北两座建筑均能保证办公室内部的光照水平，在办公室的走廊上开设带形的天窗，形成一条光的缝带，投光到各层公共走廊上。布置在建筑中央的公共大厅贯穿三层高度，通过天窗把直接光线扩散到每层的房间中去。走廊上面的光缝筒可以保证办公室内的均匀照度，而且也是建筑光处理的新手法。在办公室中还运用了自动调光的传感器，可使过量的灯光自动地暗淡下来，以节省电能并减少夏季灯光在室内散发的热量。在房间内可以自动关灯，当光照不需要时可以自动减弱。按每天人们活动的日程表控制光照，光能的消耗每平方米可减少 10.76W。控制后的光照将达到每个办公桌面上，相当于 592Lx 的照明水平，图 5－1b。

传统的天然能源利用、冰池技术、地下水的循环运用、综合控制太阳辐射的软百叶、双层墙的构造、电照的节约等等的试验研究成果是很有意义的，为后来生态建筑的发展打下了基础。这两座建筑设计的成功在于综合节能方面迈出了第一步，展示了建筑节能发展的新趋势，体现了天然能量综合利用的较大效益，如建筑布置的朝向，冰池及地下水的利用等方法。同时这个设计还把专门技术和机械技术由建筑师综合运用在建筑之中共同有效地工作。这个设计成果在 20 世纪 80 年代初就提出了利用自然环境保护能量很有意义的新思想。这种在建筑设计中全面综合节能的构想是值得我们参考借鉴的。

1.2 韩国能源管理协会中心

Energy Center of Korea

韩国能源管理协会是制定能源利用的顾问机构，有实验室、办公、展览以及与能源有关的区域。建筑布局围绕着年度展览厅和会议中心为主要功能，多层的步行空廊流线提供了各个空间之间的视线连系，使建筑的内部组织非常清晰。办公部分有 18500m^2 的实验室、技术室、办公室、会议室以及图书室。地面

以上共七层，地下一层停车200辆。韩国能源管理协会（KEM-CO）设计的核心思想是节能，设计几种有效的节能系统。在主体展览空间中有机动的遮阳系统提供直接的阳光并采暖。机动通风缝自动在空间排气，光架反射日光到室内深处，同时也避免眩光影响工作面。当光架提供自然光时，自动的光控系统可使灯光变暗。当凉爽季节工作时，光架、翼板、吊帘，对透过玻璃的直接太阳辐射提供保护。设计了低反射和有效的光面反光的系统，室内隔断在吊顶以下，利用有用的天然光进入办公室和走廊，以减少照明光荷载。办公室的采光既分隔视线也使日光清晰，经由光架与光缝加强天然光的均匀效果。

各种综合的节能要素分析可达到最好的综合效果，经计算运转10年可节省能源造价的70%。节能中心建筑本身是政府能源政策对公众的展览，保护环境，回收材料，能流的交替使用，成为21世纪建筑能源利用的发展方向，图5－1c、d。

1.3 德国鲁尔区戈尔辛基亨的能源办公园区

Energy Office Park, Gelsenkirchen Germany

Wissenschaftspark Gelsenkirchen

德国鲁尔区的埃米舍尔河流域（Emscher River）的10年环境治理“蓝天计划”于1998年完成，靠近戈尔辛基亨的威森斯加福特（Wissenschaftspark）能源园区建设是一项著名的生态工程。9栋朝南的三层办公楼及会议楼用一条300m长的斜坡形玻璃长廊连接。朝东的玻璃走廊作为办公建筑的空气加热装置，斜面大玻璃窗可以滑动开闭，有上下活动的遮阳设施，顶部有风管通入9栋办公及会议楼内。300m的玻璃长廊既是公共活动的大厅，又是整体建筑中由电脑控制的调节室内气候环境的太阳能装置。玻璃长廊的外面是一片天然野趣的水面和坡地，风和日暖时，大片斜面玻璃可提升敞开，大厅和室外景色融为一体。9栋三层办公楼的屋顶上安装有主动式太阳能电池，提供建筑中的全部电力供应。这是一座全新概念的生态办公公园，图5－1e。

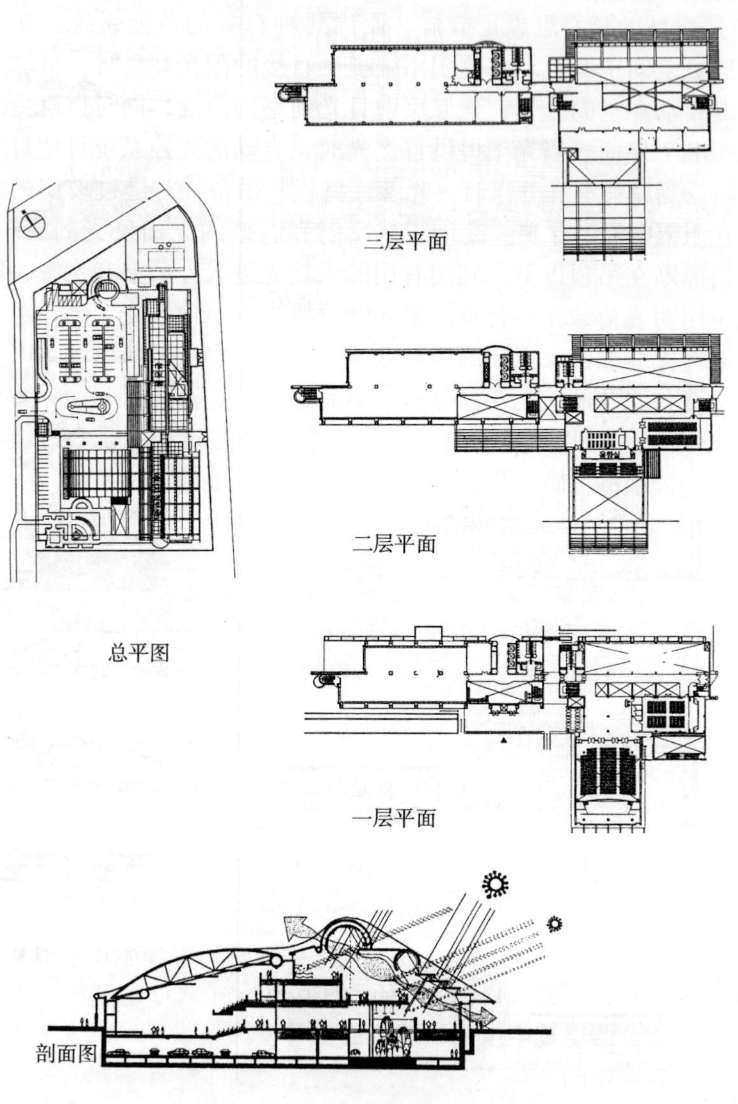

图 5 – 1c　韩国能源管理中心

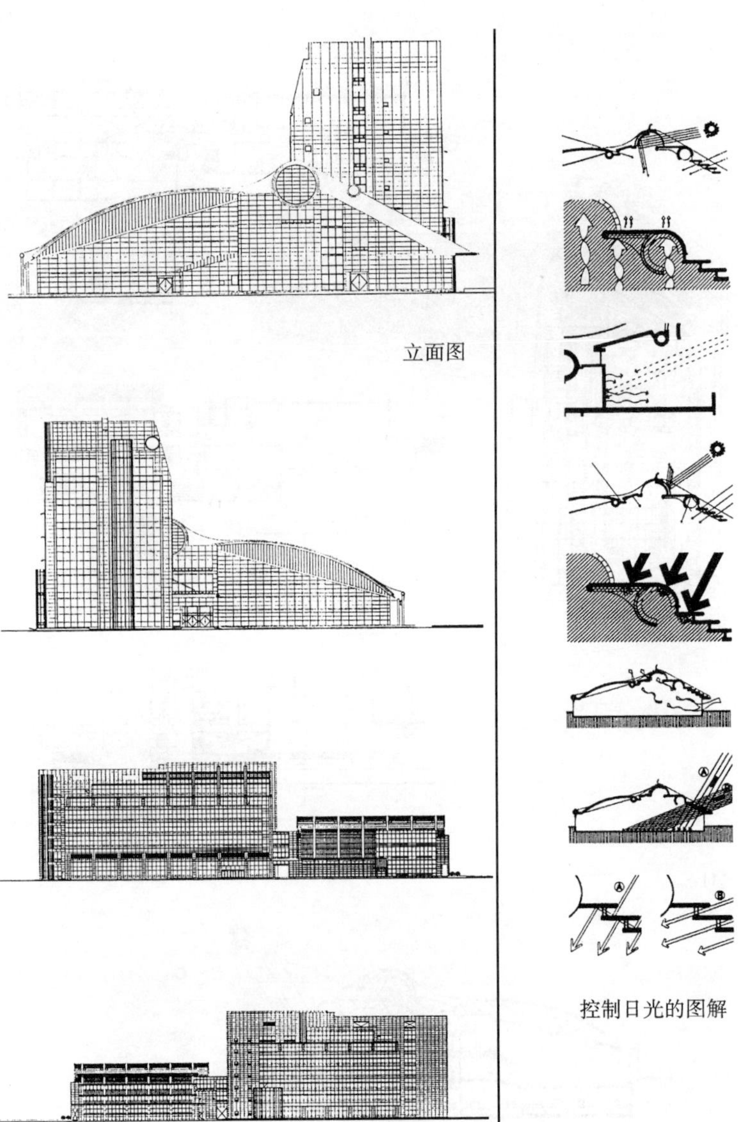

图 5－1d 韩国能源管理中心

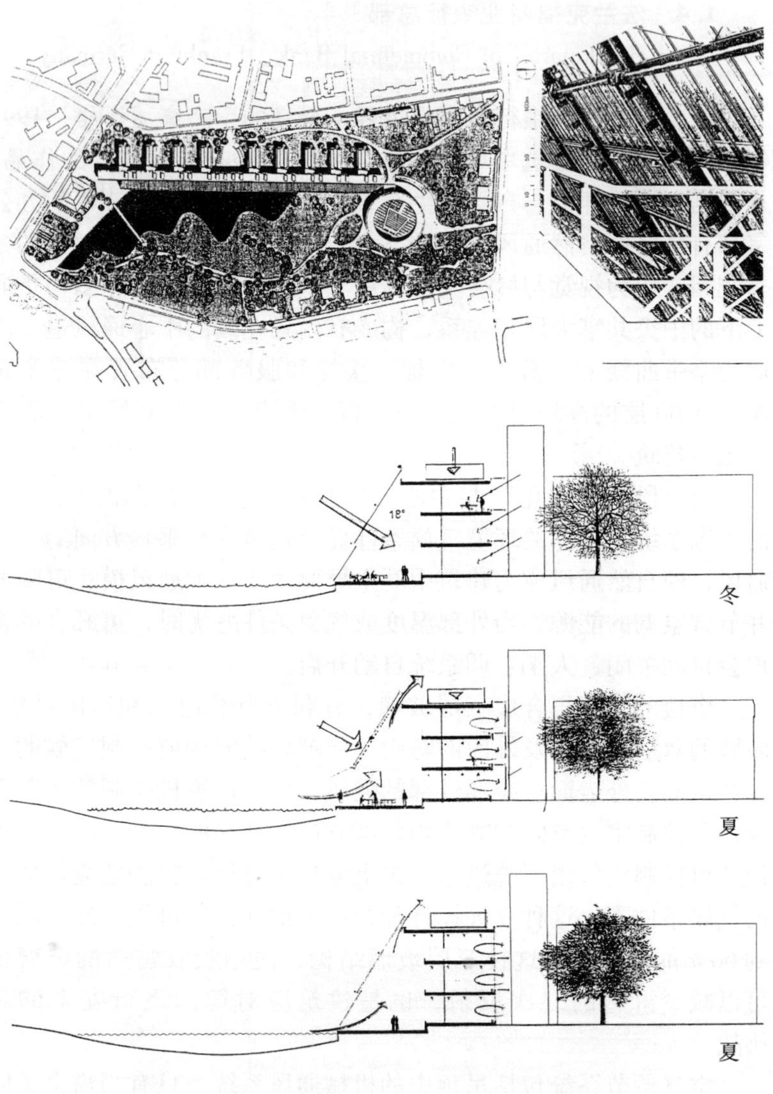

图 5－1e　德国 Wissenschaftspark 节能办公园区

1.4 法兰克福商业银行总部

Headquarter of Commercial Bank, Frankfort Germany

法兰克福商业银行总部是世界上最高的生态高层塔楼，1991年举办的国际竞赛选中的诺曼福斯特（Norman Foster）的作品，是把高层办公环境与自然和生态观念结合设计的尝试。每间办公室都有良好的自然通风窗。在高度上把塔楼分割为4个部分的冬季花园，成为视觉与社会生活的焦点空间。每个冬季花园与贯通上下的中央共享大厅相连系，构成有内景花园的中心通风道。平面为略带曲线的三角形，电梯、楼梯和服务部分布置在三个角端。共60层的高塔总共约300m高，构成法兰克福城市中心区的主体建筑。

由分段的“绿化”与中心井筒构成的垂直高层建筑中自然的生态系统，外部的环境气候条件促成建筑内部垂直方向的自然通风，使自然通风成为建筑中的主导要素。这种通风模式可降温并节省空调的能源，当外部温度或气象条件恶劣时，可开合的窗户会自动关闭，人工空调系统自动开启。

塔楼的立面组合成三层玻璃，有利于自然通风和遮阳系统，内墙的双层玻璃以及外面的防雨单层玻璃共同构成控制气候的缓冲器空间，外表面可减弱外部的强风，保护计算机控制的遮阳系统，并控制室内空间的光线均匀度和产生最小的弦光。窗的装置设计可控制空气由下缝进入，由上缝排出空气。在法兰克福典型的气候条件下，这种立面设计配合中央抽气大厅可使自然通风达到60%的使用率。这种三层玻璃结构，使用吸收雷达的玻璃也可以减少雷达的二次反射，也是建筑应对德国飞行安全的新挑战。

空气调节系统包括吊顶中的机械通风系统，只有当窗全关闭时才提供制冷，在中心区域保证高品质的凉爽温度，并对室外空气有加温的转换。在夏季的非控制时段内，窗可以打开使室外空气夜间冷却，以减少制冷的能量消耗，沿周边的制热系统控制着

冬天的温度。

在花园和中庭办公室之间热的转换，可使热能的消耗最少。中庭与花园的自然通风是全部建筑节能的重要设施，每 12 层楼有一个 4 层高的露天花园，对高层办公楼提供了高品质的微小气候，生长的植物使空气更新鲜。每个花园有不同的朝向，形成不同的微小气候环境，花园设置在不同的高处，形成丰富多样的景观，图 5 - 1f。

1.5 绿色的议程，马来西亚建筑师杨经文设计的生态高楼 Green Eco-Tower By Ken Yeang

传统的摩天楼设计观念和中低层建筑相比最缺少的是绿化空间，一般认为在农业地区更要避免超大的建筑体量和高密度的居住环境，但大量的摩天楼建筑仍然如雨后春笋般出现在城市的中心地区。在高科技条件下摩天大楼能否发展成为绿色的可持续发展的高密度的生态建筑。杨经文（Ken Yeang）提出了以生态体系生物圈为基础的生态摩天楼设计新观念，生态设计的基本理论是：运用天然能源和材料；力图减少对自然环境的有害影响；促进建筑环境与自然环境之间的和谐；要着重考虑以下问题：

- 设计基地与外部环境的关系；
- 建筑设计的内部和谐关系；
- 由外及内的能流转变；
- 由内及外的能流转变；
- 从环境落位到内部设计的整体生态系统；
- 能流输入建筑系统的路径；
- 建筑内部能流系统的活动路径；
- 建筑能流输出系统的封闭圈。

1.5.1 英国伦敦的“主教之门”大厦 Bishopsgate Towers, London

伦敦的“主教之门”高层大厦是一座综合性多功能混合使

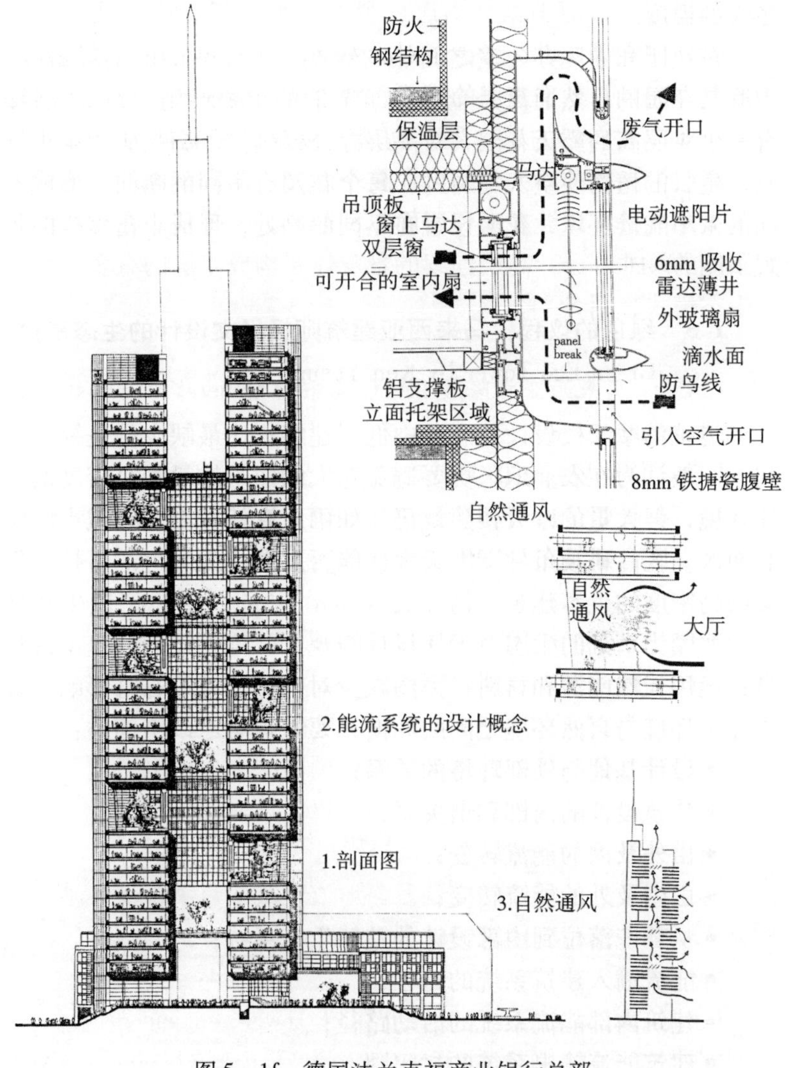

图 5－1f　德国法兰克福商业银行总部

用的建筑，是一座高密度可持续发展的生态住区，楼内包括综合商店、研究实验室、城市农业、商业、广场、花园、语言学校、新闻社、咖啡、早点、邮局、银行、手工艺商店、工业、知识中

心、零售商店、图书馆、书店、餐厅、小市场、社会住宅、公寓、斜顶住宅等。设计考虑了对天然能源的充分利用，采用被动式的夏季通风与冬季避风的模式，混合的功能模式，把建筑的外貌形成对应大自然的感应器。高层大楼东面和北面为公寓的立面，高层中夹着的露天公园可在夏季遮光，西和南面的电池板可收集太阳能量。风缝在南和西面以利通风，电梯核心在东西作为太阳能的缓冲部分。高层连续的景观体系构成丰满的有多种效益的生态模式，图 5－1g。

1.5.2 马来西亚吉隆坡 BATC 总平面 General Plan of BATC, Kuala Lumpur

BTAC 总体规划包括 19km^2 的景观公园，建筑围合着一个中心广场，有林荫步行道和车行道。轻轨交通站通达区内的零售商业和大学区，建筑布局以生态气候效应为设计原则，布局有以下特色：

• 绿化景观的应用与主导建筑的环境布置，使人们通过步行道在花园和软质景观绿地中穿行；

• 步行道交通在区域中与被绿地隐蔽的车道交通连系；

• 高层办公塔楼中的露天庭院给周围的人提供更多休闲与娱乐的机会，露天庭院也在垂直的方向将楼层之间连系起来，把高层空间在视觉上和自然绿色空间连系在一起；

通过屋顶上的环境感应装置，形成建筑的自动管理体系，由外部环境条件控制着建筑的内部气候条件。

1.5.3 新加坡 EDITT 塔楼 EDITT Tower, Singapore

新加坡 EDITT 塔楼是杨经文（Ken Yeang）设计的又一座生态高层建筑。建筑的内部有零售、展览空间、观众厅堂等综合性使用功能，设计表现了以下的生态特征：

• **地段方位上的生态考虑 Ecological Site**

首先建筑的外观有良好的植物生长的立面和设置适合植物生

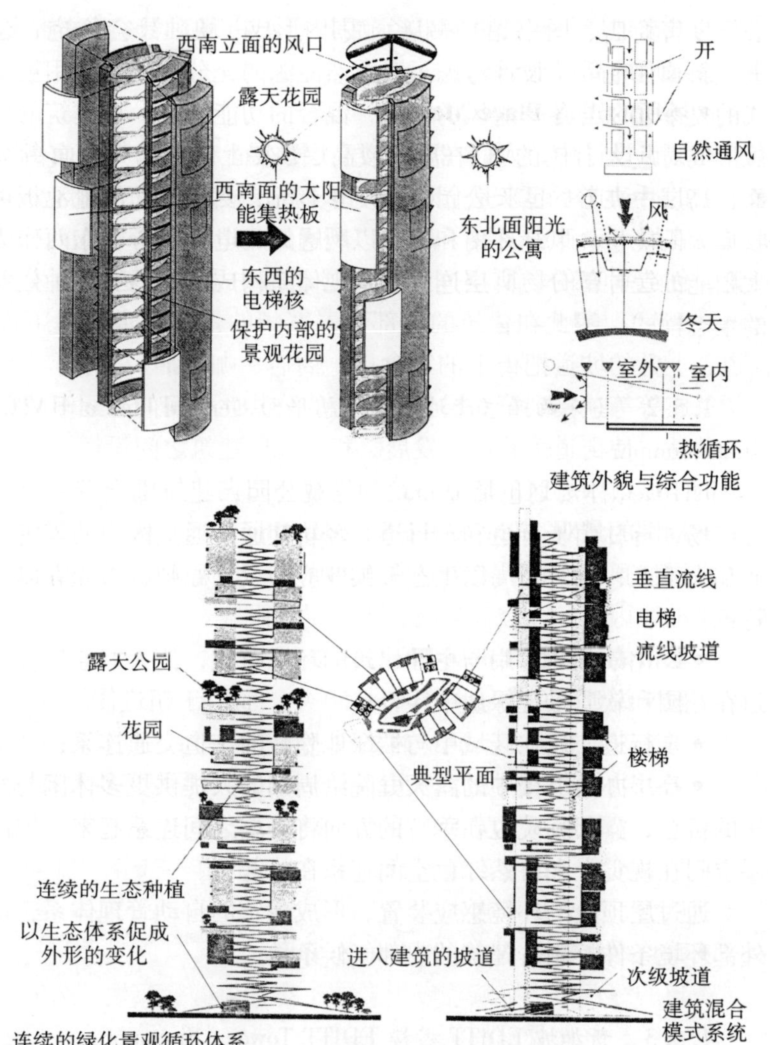

图 5－1g 伦敦“主教之门”大厦

长的平台。这些绿色的区域最大限度地满足了建筑内部的休闲需要，设计的植物种植区域从地面到高层以景观坡道相连接，连续上升。种植面积达 3,841m^2，有效地种植率达 1:0.5。绿化率在

拥挤的城市地段1.6公里的半径范围内形成一块独具特色的地域性，带绿地的高层地标。

• 场所的建造 Place Making

在城市设计中，人们在摩天楼高层顶层上的活动与地面街道水平上的活动连系起来是个难题。由于高层楼层具有竖向区分的特征，在城市设计中发展了高层“场所的建造”（Place Making）理论，创造垂直的场所空间，在高层建筑中引入街道上的生活（Street-Life）。因此在建筑的上部设置宽阔的景观坡道直达下面街道，上升的坡道把街上的零食店、商店、咖啡店、表演空间、观望茶座等等连接到第6层。沿坡道的公共性空间向上逐渐减弱其公共性，使街道垂直向上发展。相邻高层建筑之间设桥梁的连系有助于城市中心区的联系系统，互救和防灾。

• 周围的景观 View to the Surrounding

高层楼顶的设计具有创造视景的优势，也是人们喜欢高层塔楼建筑的原因之一，登高远眺，美景尽收眼底。

• 松散的适用性 Loose-Fit

一般来说建筑的寿命约100~150年，而由于超过使用年限，要考虑到未来的再利用。适应性的使用措施包括：建造露天的庭院，未来可兼作办公用房，采用灵活隔断，灵活可变动的楼板，建筑构造上采用机械化安装的节点，使将来容易改造。灵活性的设计是指展览部分的多功能设计，未来也许改作办公室，如果作办公室使用，有效面积可达75%。

• 垂直绿化景观 Vertical Landscaping

街道的绿色植物盘旋连续上升的生态种植群会产生持久的多种生态效益，并使立面周围环境凉爽。“种植率”代表区域性景观的特征。根据环境的特点要精心选择植物品种、种植深度、光量、维护水平、路径、朝向、风墙、太阳能板及特种玻璃等。在不同高度塔楼上的植物布局，可创造小范围的微小气候。

• 水的再循环 Water-Recycling

塔楼中的雨水收集和废水回收再利用，可有自给55.1%。

• 水的净化 Water-Purification

雨水收集系统包括屋顶盆面，各层立面上的扇贝锅沿边接收雨水，通过重力净化系统装置，利用土床渗透的水贮存在地下室的水罐中，然后泵到顶层的水箱中贮存，再利用于灌溉和厕所冲水，供水可满足部分需求，图5－1h。

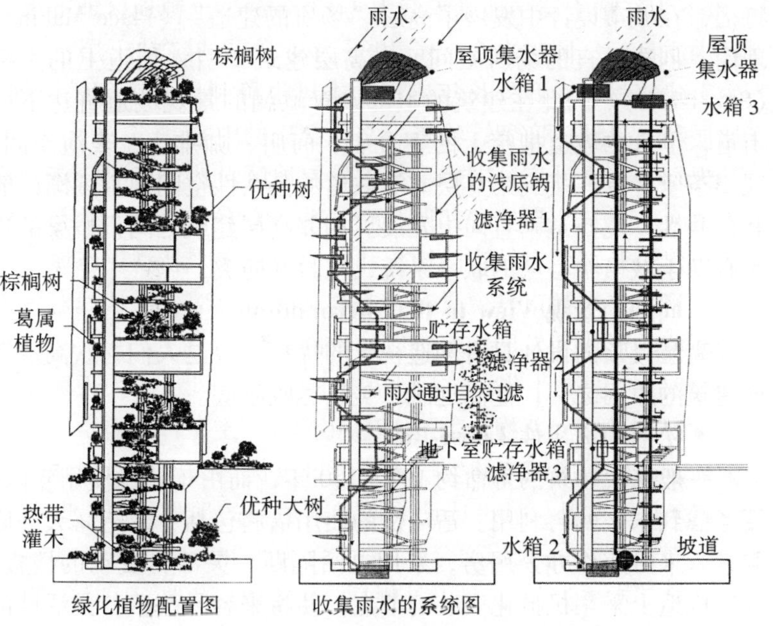

图5－1h　新加坡 EDITT 塔楼

2. 生土建筑与生态环境
Earth Sheltered and Eco-Environment

2.1　内蒙古的生态村镇设计方案
Eco-Village Inner Mogolia

内蒙古土牧尔台镇位于东经113°，北纬41.8°，镇及所属地区面积为209km^2，属干旱半沙化草原，海拔在1350～1800m之

间。气候为大陆性季风气候，年降雨量 250 ~ 370mm，年平均气温 2℃ ~3℃。多年的极端低气温为 -35℃，极端高气温为 43℃。风沙很大，多年平均风速 4.6m/s，多年最大风速达 30m/s。为了防风固沙，急需大量造林，以灌木为主，林草兼种，乔、灌、草结合。地震烈度为 6 度地区。大部分地表属灰褐色土壤，2 ~ 3m 以下为红粘土层，地基承载力为 $13t/cm^2$。土镇地区地下水丰富且水质良好，同时在 2 ~ 3m 以下为易开采的红粘土层，可作为生土建筑材料。此外长年盛行的季风也可利用。镇邻铁路线，交通便利，是地区商贸、物资、文化交流的中心。

规划方案设计充分考虑了都市发展地区自然环境的特点，刻意表达人、建筑、自然的和谐共融关系。方案自身对于生态居住环境与建筑乃至生态城市的构想和展望，是未来新型生态城市的缩影，将是未来都市发展具有普遍意义的组成部分，从而对生态人居环境的形成和发展，有难以估量的影响。

规划方案是对中华传统风水思想的发掘。风水认为天地人相感应，“天地合气，万物自生”。即优化选取一定条件下有益于万物的生气，这种无形无声的生气或吉气可以优选，也可以强化或者在一定条件下弥补。城市选址要探求其适当的地理位置，即“择中观”，就是选择一处最适合人们生活、居住的理想环境地点。古云“物之美本乎天”，选址乃至规划，正是顺应天理，使人与自然相和谐统一的一种追求。结果是大自然的天文、地理、水文、气候等情形正好适合人们的要求，在此乐于居住、生活和繁衍生息。从而，在人的被动受支配于大自然的情况下，主动地寻求人与自然的共同之处，使大自然的运动与人产生共鸣，达到“天人合一”的最高境界。风水术提供了一个在建筑与规划过程中，普遍遵循的“因地制宜”的法则，从而，建筑与规划设计就是努力达到把人的需要与现实中的自然联系起来，消除冲突，获得人与自然的共融、和谐的理想，风水理论就是一种自发的生态规划设计思想。

规划方案从生态理念出发，尽可能做到“因地制宜”，充分利用大自然恩赐的一切有利因素，尽量去避免对人类生活居住不

利的因素，以达到“人居质量”的改善和不断提高。

• **生土建筑**

烧砖作为主要建筑材料，既耗能又不经济，在其干燥气候条件下，随处可取的粘土，为生土建筑提供了经济实用的材料。生土建筑是“因地制宜”的发展构想，在生态环境技术方面具有远大的前景。

• **地坑院建筑组合**

土镇地区气候条件恶劣，冬冷夏热，长年刮大风沙，从保温、隔热、防风沙角度出发，以下沉的地坑院建筑形式为主的半地下生土居住建筑有经济、合理、节能等优点。

• **新型生土建筑技术**

国际生土建筑研究中心在南美秘鲁试验性工作发明的一种体积小易搬运便于农民手工操作的制坯机。以杠杆原理用手工压制规格化的土坯砌块，生土原料用粘土再加入少量配合比的石灰、其硬度不低于普通砖，适用于廉价劳力过剩又资金不足的地区。

• **居住社区**

由四户或八户构成的社区基本邻里单元，其间用砾石自行车道分隔，社区广场利用丰富的风能发电以供各户使用。利用现有机井建设服务于社区的供水网络。

居住区的南端，诸组团好似“触角”深入邻近的菜地，更增添了居住社区的田野自然的气息。同时，社区的布局在秩序中洋溢着一种自由和谐的田园氛围，图 5－2a、b。

2.2 低造价生土住宅设计

Low-Cost Housing Design

地下的生土民居可使人感到原生世界的可贵。这种生态观念不是我们今天才建立的却是我们当前不容忽视的。这种低造价生土居住建筑设计方案荣获 1992 年 AIA 国际合作奖，并在巴西里约热内卢世界环境大会上展出。设计方案以 6 个生态功能机制的综合效应为特色。

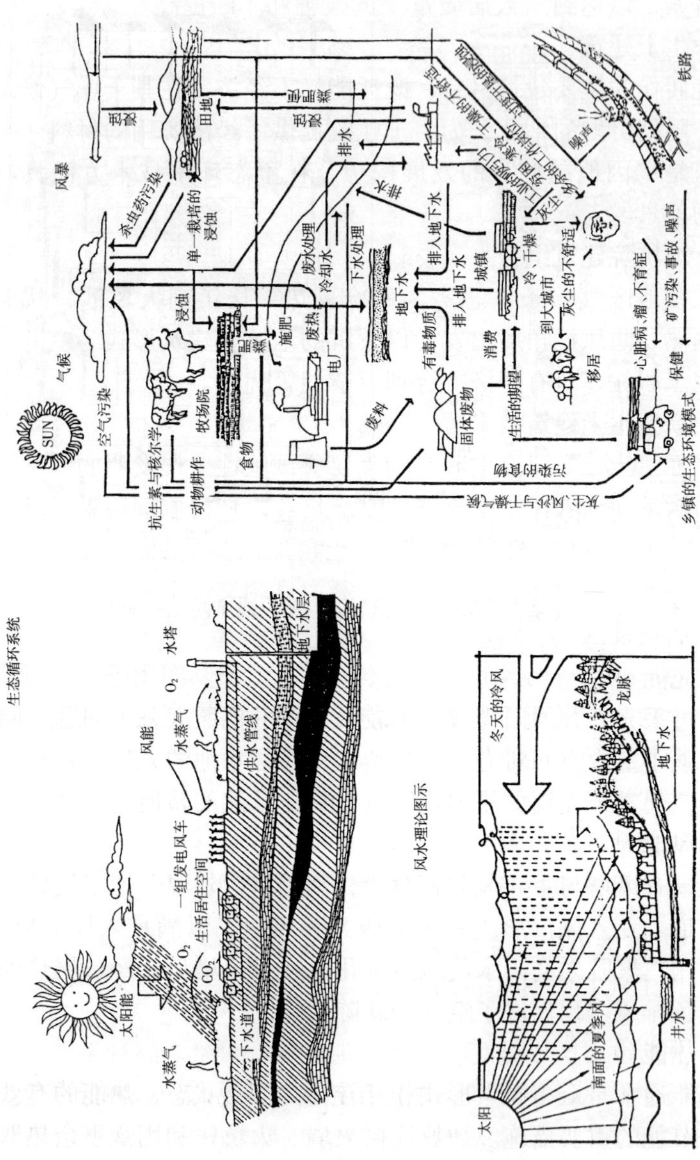

生态循环系统

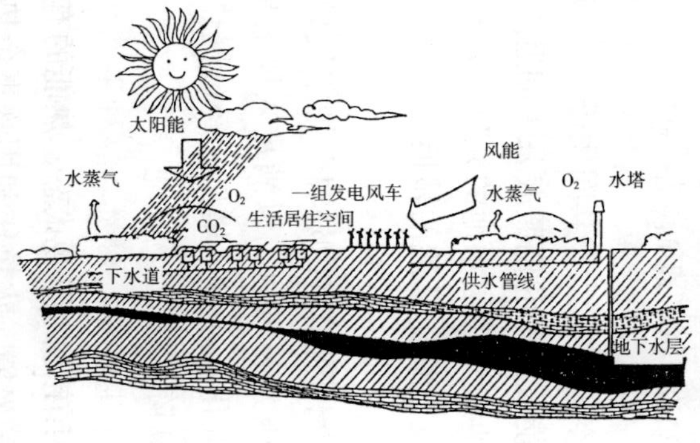

风水理论图示

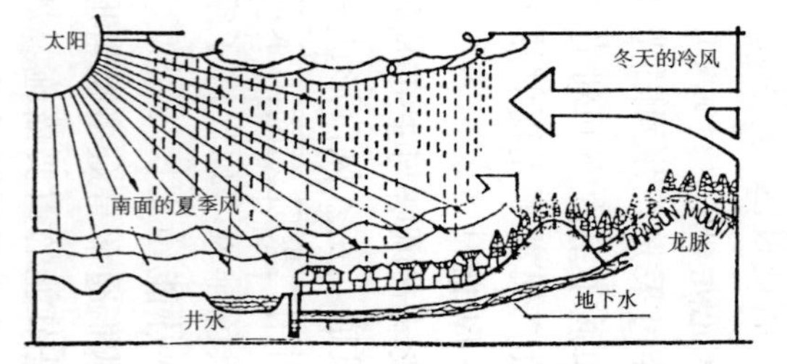

图 5-2a 内蒙古土牧尔台村镇设计——风水环境

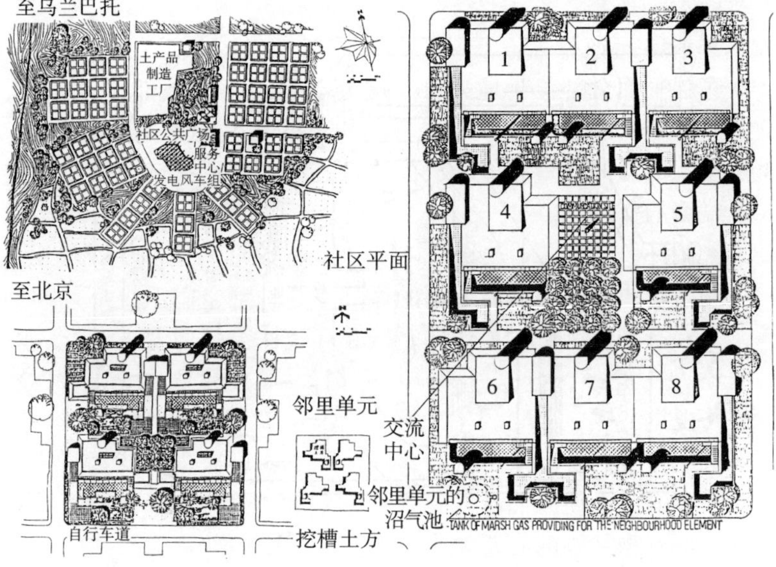

图 5－2b　内蒙古土牧尔台村镇设计——地坑院居住社区

• **光能**

穿过采光天井的阳光解决了较大进深的低照度采光问题，同时也加强了室内空间对光环境的塑造。底层水池的光反射及日光色散效应促进了光辐射热向热能及生物化学能的转换。

• **风能**

被动式风塔与主导风向相对应，利用室内外温差把空气导入地下风道。在入风口形成一定的压力和风速，以满足入风需要，同时利用集聚院内的雨水使风道湿化。在排风塔口，经过聚热处理的黑色排风塔顶促进了空气的新陈代谢。

• **热能**

热能通常是众多能量形式相互转化的最终状态，热能的有效利用是节能的重要措施。炉灶连接火墙、火坑，利用炊事余热取暖。另外，利用被动式太阳能热水器把热能转化到循环水中，使之通过二层楼板形成热地板；循环热水还可以在卫生间使用，并

不断地予以补充。

• 蓄热

底层平面全部位于地下，二层处于半地下，顶部覆以生土，土壤具有较大的热容量，能在日间高温的热量峰值时吸收热量，而在夜间低温的热量谷值时放出热量，起到平衡缓解，稳定室内空气温度的作用。

• 循环

提高物质之间与能量之间的循环率是地下空间系统高效的前提，本方案刻意维护大自然的空气循环、水循环以及由此形成的热循环。

• 视觉

采用传统四合院下沉式院落环境，空间层次丰富。在与地坪相差不多的范围使人们越发感受到原生世界的可贵，以及渴望同世界万事万物共融的心愿。生态的观念是不可忽视的。

单体建筑面积指标：

住宅基地面积 375m^2，内院面积 92.5m^2，苗圃面积 62m^2，建筑面积 202m^2，使用面积 116.5m^2，图 5-2c、d、e、f。

2.3 东京国际会议厅地下空间方案

Underground Space Scheme of International Conference Hall, Tokyo

1987 年本书作者参加日本东京国际会议厅国际设计竞赛，提出了地下的生态国际会议大厅方案，占地 2.7ha，建筑面积 14 万 m^2，包括会议厅、展览厅、信息中心、剧场、交际沙龙等大型公共设施。设计构想将原生机制和再生机制引入地下空间，刻意创造一个宜人的丰富的都市地下生态空间。

机动车库设在地面 30m 以下的底层，三个出入口的 6 条车道沿建筑四周盘旋而下。车道净空与贯通上下的 2m 宽的采光缝共同组成采光天井，解决建筑周围部分的采光。同时在墙壁及车道挡板上做隔声处理，并将天光反射到目标区域并引导风到达空

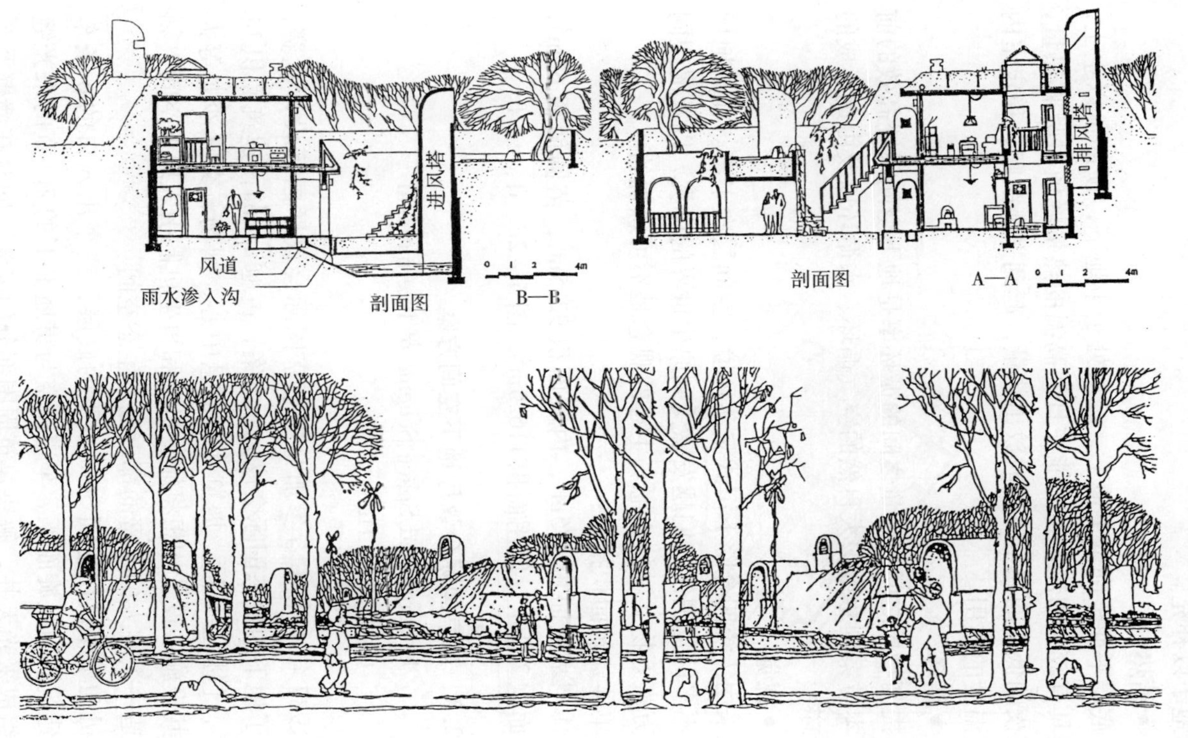

图 5-2c 低造价生土住宅设计——剖面图

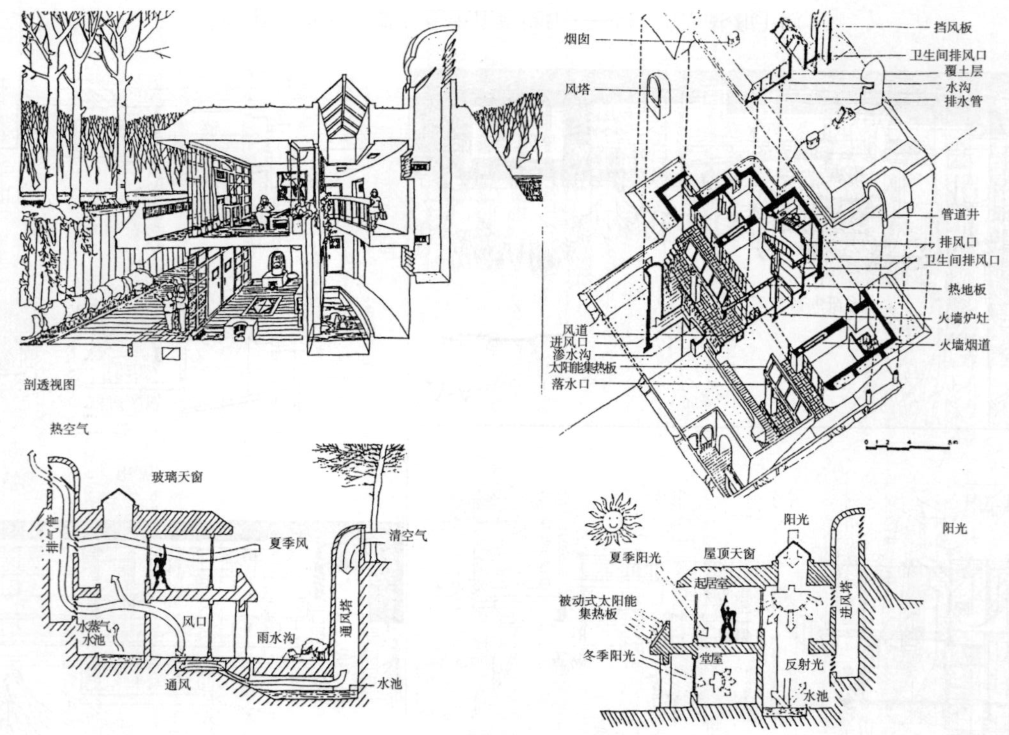

图 5-2d 低造价生土住宅设计——阳光、通风及剖视图

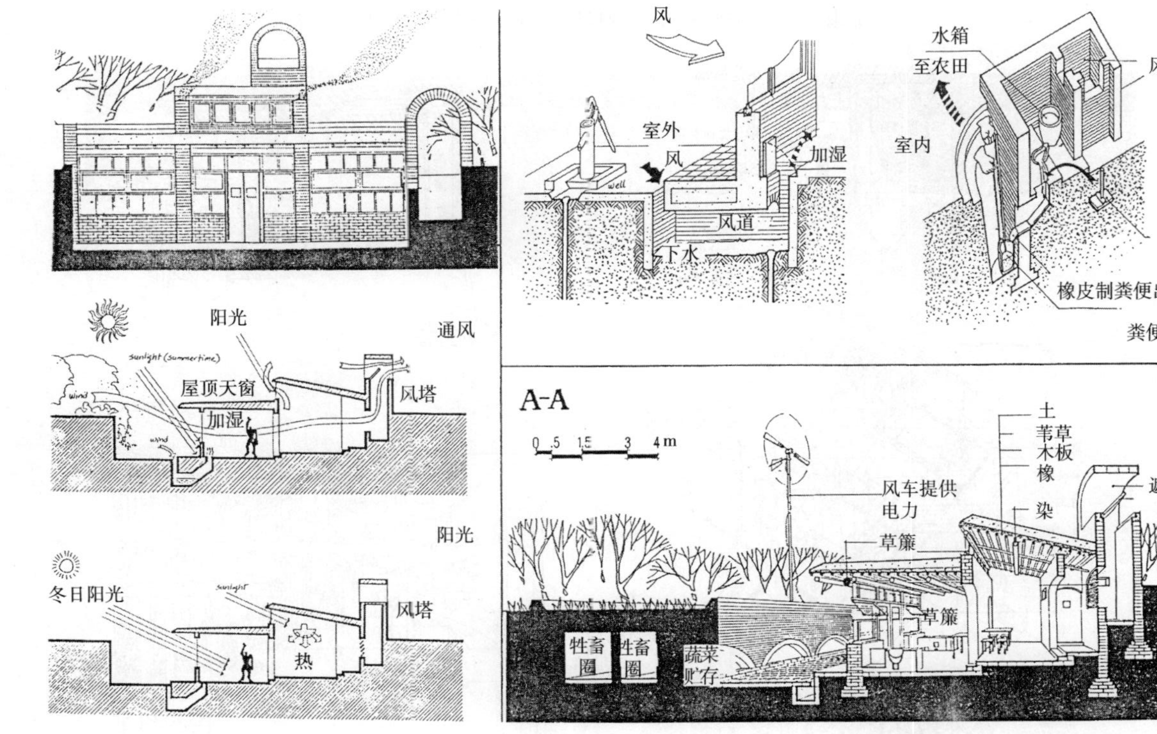

图 5-2e 低造价生土住宅设计——风、光、热和干厕

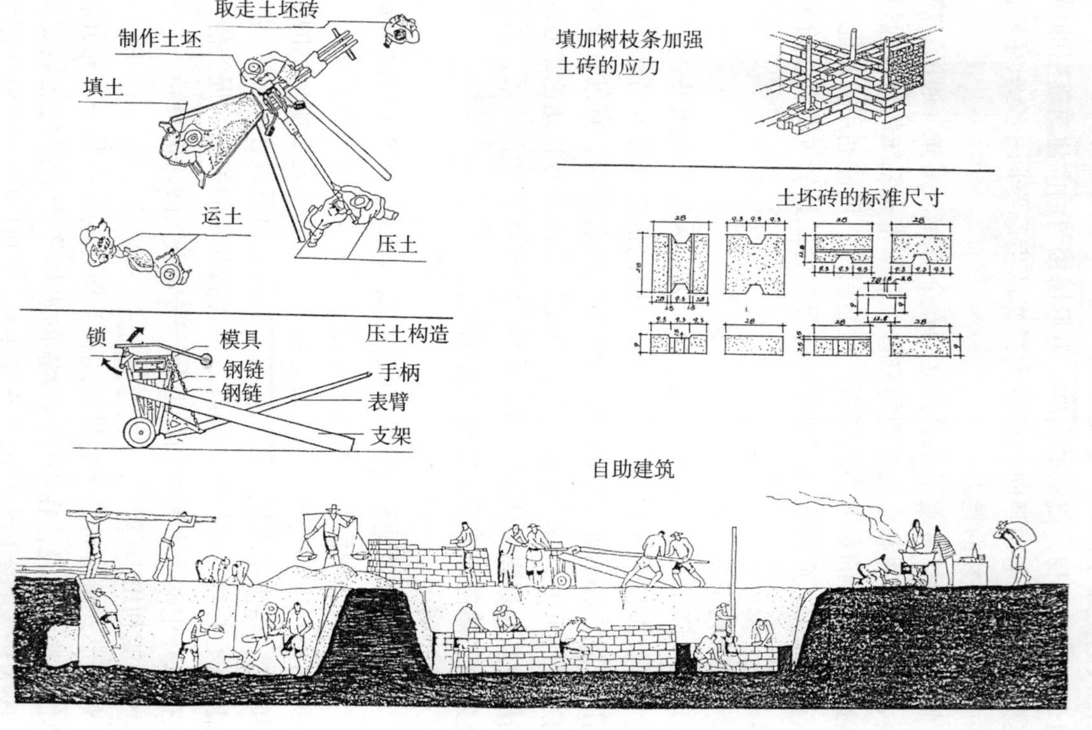

图 5-2f　低造价生土住宅设计——土坯制作和自建住宅

气处理设备的入风口。会议大厅设置在中央方形的塔楼内，四周环抱巨大的生态空间，下方是水波、花草，上方是青天、阳光，中间是运行的电梯，流动的人群。方形塔楼与周围建筑逐层的横向连接与透明的电梯竖向运动在大自然的生态空间中交织穿插，天井中充满大自然的魅力。

地下空间设计着重于相对独立的6个单元，采光、通风、热转换、水体、交通和生物方面的完善。地下生态系统的评价通过自然运行过程中的6个功能机制，光能利用、风能利用、热能利用、蓄能效应、循环效应和视觉效应等综合效益的说明和评价来完成。

- **光能利用**

地下空间采光需一定的技术手段，方案采用采光天井，中央阳光大厅及小型采光井解决了大部分空间的低照采光及特殊部位的高照采光。亦增加了空间中的光塑造、玻璃幕墙、有色玻璃天棚的透射与反射、波动水面的透射与反射，以及对日光色散效应的利用，从而加强了建筑内部空间的光混效果和视觉效果，同时促进光辐射热向热能及生物化学能的转换。

- **风能利用**

方案力求有效地利用风的动能，以减少推动空气的设备荷载，达到节省能源消耗。大面积高耸的风板或风塔采用主动式与主导风向相对应，把空气引入风井底部，入风口处形成一定的压力和风速，以满足入风需要。屋顶高处出风口设置在外部流动空气低压风处实行自动排风，同时对空气温湿度的控制，促使静止空气在风井中的下沉与室内的上升，完成空气的代谢更新。

- **热能利用**

热能形式常常是众多能量形式相互转化的最终状态。充分利用热能转换的途径，在中厅内设置的水体作为洁净的热能交换体，成为热源与室内空气的热交换中介，同时也是室内空气湿度的调换中介。建筑中的空调热管与冷管分布在中央厅玻璃顶之下和环形采光井内，用以排除顶棚外面的积雪、结霜和墙壁上的冷

凝水。另外，水体在户外与户内的循环导致热能的交换。

• 蓄能效应

地下空间围拥土层，土壤具有较大热容量，能分别在日间高温热量峰值时吸收热量，在夜间低温热量谷值时放出热量，起到平衡、缓解、稳定室内空气温度的作用。同时一定规模的水体也起到同样作用。

• 循环效应

该方案精心维护自然的空气循环、水循环以及由此引带的热循环。室内与室外的物质与能量的循环解决了建筑内部与外部世界的能量交换，维持了多样联系的平衡。此外地下空间中植物的引入丰富了无机物与有机物之间的循环途径。系统中多种循环为节约能源提供了更广泛的机会。

• 视觉效应

方案中采用大量的原生自然物质，以及植物和少量小动物，以满足人们生态方面的视觉要求。人们越来越感到世界原生的可贵，渴望同丰富的物质和生命共存共生，图 5 - 2g。

2.4 明尼苏达大学的土木采矿系馆

Dept. Civil Engeneering and Mineral, Minnesota University

美国明尼苏达大学的土木采矿系馆于 1981 年开工，1984 年建成。是一座在寒冷地区综合节能的地下建筑，整体建筑坐落在地下 33.5m 深的岩石层上。在这座建筑中采用了 7 项重点节能新技术：

（1）被动式太阳辐射视镜系统，包括回路反射器、北面天光镜、反光镜镜面、天然光照亮的地下区域；

（2）筒形水墙，包括被动式和主动式太阳能收集器；

（3）叶片式遮阳；

（4）土层蓄热；

（5）地下 33.5m 的埋置空间；

（6）主动式太阳能视镜系统的日光照耀器；

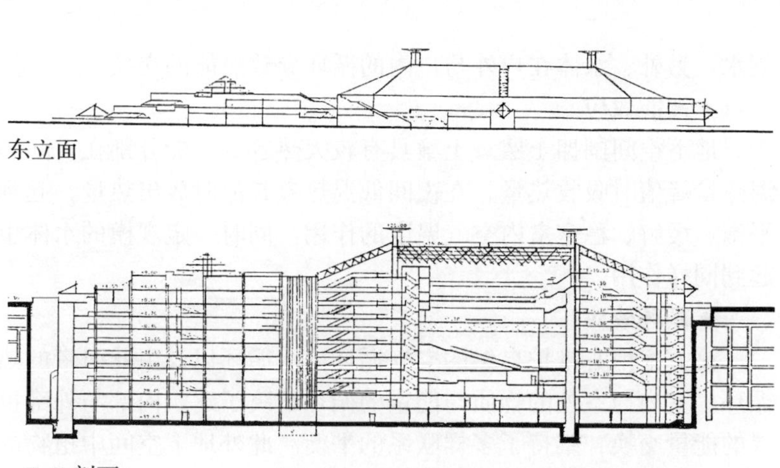

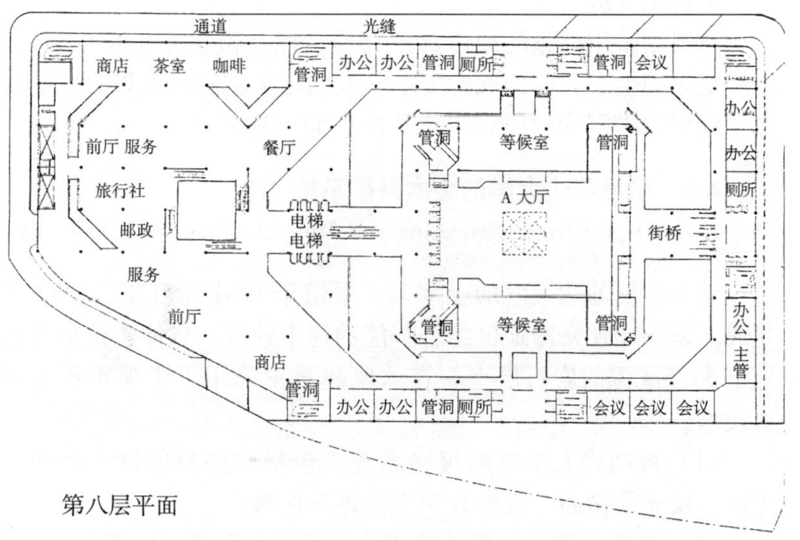

图 5－2g　东京国际会议厅地下空间方案平、立、剖面图

（7）主动式地下水降温系统。

综合上述内容是 20 世纪 80 年代初期节能建筑的最新技术，是地下节能建筑的开拓性作品，图 5－2h、i。

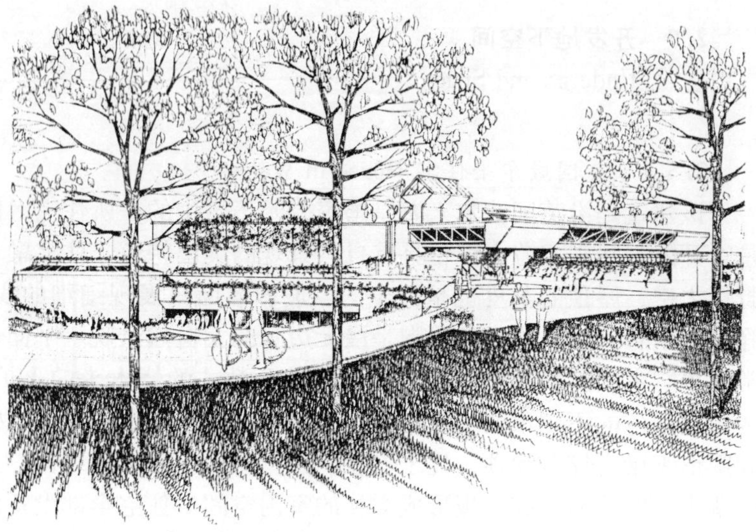

图 5 - 2h　美国明尼苏达大学土木采矿系馆地面部分透视图

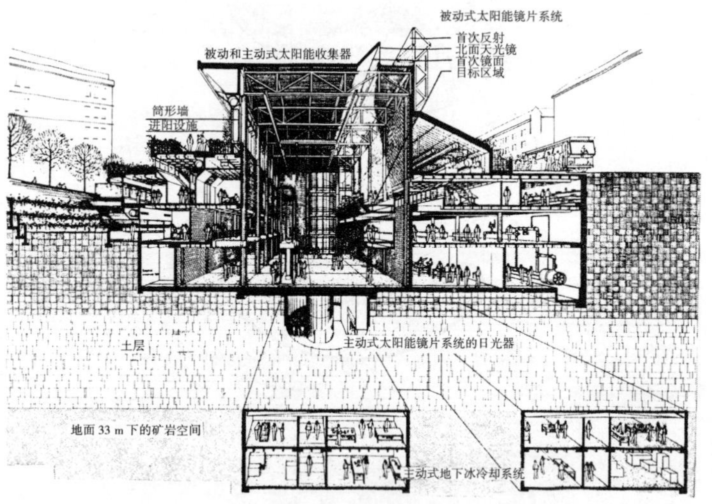

图 5 - 2i　美国明尼苏达大学土木采矿系馆剖视图

2.5 开发地下空间
Underground Space

2.5.1 英国威尔士住宅 House in Wales

该建筑是沿英国威尔士海岸国家公园美景中的一所住宅，像是睁开的眼睛观望着大海，具有自然景观的突出特色，住宅融于野草之中，屋顶的草皮也是野生的。玻璃墙面只展现细细的线，睁开眼睛看大海，住宅的周围是漫无边际的大自然景观。平面非常简单，主人的沙发面对大海，围绕着开敞式的烧木头的火炉。两边是浅色的不到顶的隔断划分出厨房和浴室，连续的块体墙壁和圈形钢梁支撑着屋顶，柱子包在里面。屋面是胶合板结构，上铺草皮，曲线形的胶合板形成柔和的室内空间。住宅全部设备由电力供应，地板下和半圆形墙的周围有供暖设施，图 5－2j。

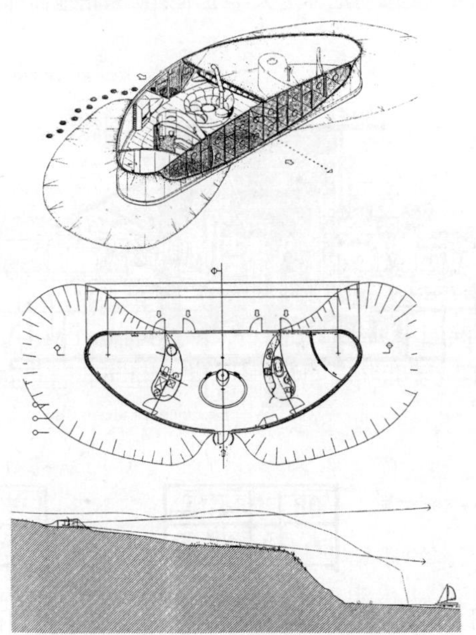

图 5－2j　英国威尔士海滨住宅

2.5.2 球形地下住宅 Underground House in Sphere Shape

美国建筑师汤姆斯·沙利文（Thomas Sullivan）在密苏里州设想的未来地下建筑的样式是以许多圆球形的空间寓于大地山峦之中，图5-2k。

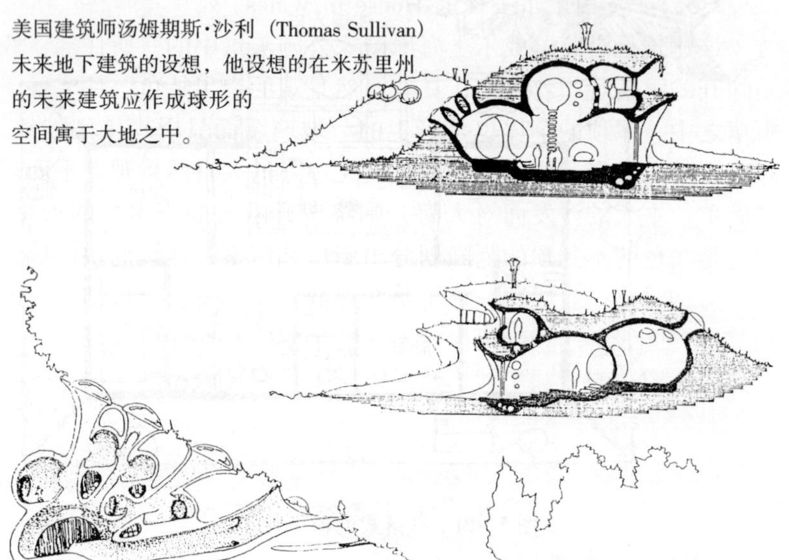

图5-2k 球形地下住宅

2.5.3 跌落式的覆土住宅 A Combined Underground House and Fallout Shelter

澳大利亚的一座地下跌落式覆土住宅，入口处设置小庭院，房屋的周围覆土，顶上布置绿化，有很好地节能效果，图5-2l。

2.5.4 覆土的建筑师事务所 Earth Sheltered Office for Architect

美国明尼苏达州明尼阿波里斯市的一座覆土的建筑师事务所（An Earth Sheltered Architect Office），1981年建成。办公室和绘图室分别埋在相对的两座土丘之中，土丘之间形成一个露天的庭

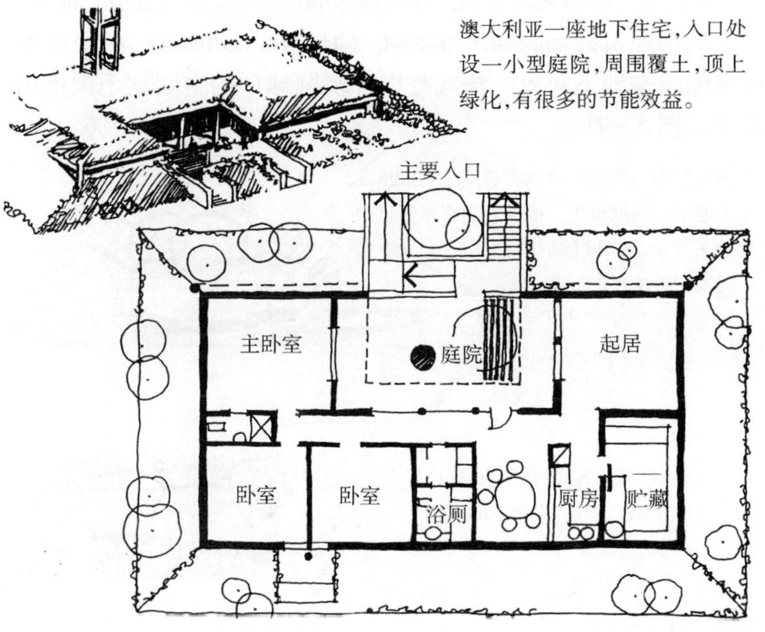

图 5－21　跌落式的覆土住宅

院，院子正中布置了圆形的厨房和休息用的坐椅和花卉，作为室外进餐和休息的处所。土丘下面的绘图室有采光孔，室内的墙面及顶棚用发泡的塑料作出粗糙的质感表面，就像是在大自然的岩洞中工作。底层沿土墙的外侧布置通风管道和计算机网络等电器系统，图 5－2m。

2.5.5　山谷中的城镇 Town in Cherry Hill

早在 1974 年建筑师们就将办公室、住宅、仓库和工厂以及高速公路组合在一起。在美国新泽西州的琪瑞山区（Cherry Hill）设计了未来山洞中的城镇设想，山间的山谷是城镇的采光口和施工通道，图 5－2n。

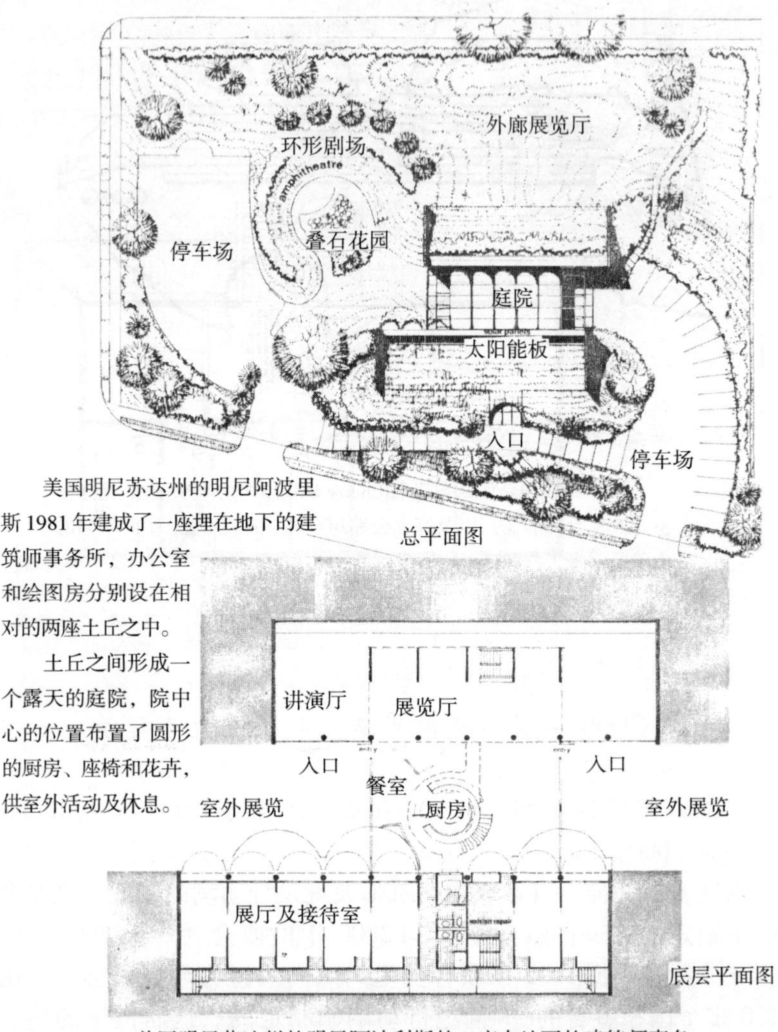

美国明尼苏达州的明尼阿波里斯1981年建成了一座埋在地下的建筑师事务所，办公室和绘图房分别设在相对的两座土丘之中。

土丘之间形成一个露天的庭院，院中心的位置布置了圆形的厨房、座椅和花卉，供室外活动及休息。

美国明尼苏达州的明尼阿波利斯的一座在地下的建筑师事务所的平面图，埋藏在土丘中的房间上面有采光的孔洞，室内采用泡状塑料装修，作成粗糙的内墙质感，沿土墙的一侧布置了计算机的网络设备系统和建筑的通风系统，土丘的外面铺盖着草地。

图5－2m　覆土的建筑师事务所

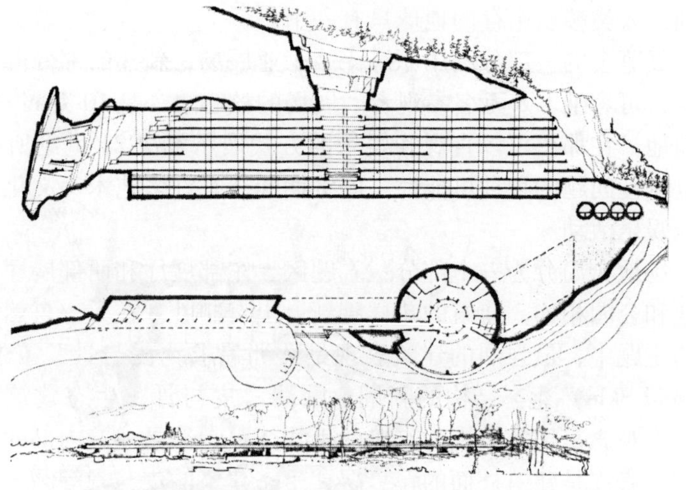

1974 年美国新泽西州琪瑞(Cherry Hill)山区的未来设想，把办公室、住宅、仓库和工厂以及高速公路组合在一起的设想，中间开陷的山谷是采光天井和施工的通道。

图 5－2n　山谷中的城镇

3. 2000 年汉诺威世界博览会上的生态建筑

2000 年第 24 届世界博览会在德国汉诺威举行（Eco-Building in Expo 2000，Hannover Germany）。是一次空前规模的世博会，与以往各届一样，自然成为建筑师展现设计新潮的场所，展览会的主题是“人—自然—技术”。2000 年世博会（Expo 2000）的指导方针是根据 1992 年联合国里约热内卢世界环境大会上，由 170 多个国家签署的 21 世纪行动纲领制定的。这届世纪的盛会已经成为全世界范围内，面对 21 世纪提出的挑战进行对话的讲坛。它是 1851 年伦敦水晶宫里的第一届世界博览大展以来，第一次在德国举办的这类活动。1995 年开始筹建，展览内容纵览在新纪元开始时，激起人们思考的观念和实物、梦想和希望、问题和答案。在新世纪中，各国人民比以往任何时候都更清楚地认

识到，人类赖以生存的地球只有一个。

展览会的一部分利用原汉诺威工业展场，新建的部分占一半以上，可容纳 1.8 万名参观者。展场的核心之一是 10 万 m^2 的主题园地，在那里可以直观和娱乐的方式展示解决 21 世纪所提出的全球性问题的种种可能性。展览期间还有许多艺术、文化、体育和娱乐活动。

场地布局分为三个部分：主题区、东部展厅和西部展厅，由绿地和公园相连。建筑的花样翻新，出奇制胜。在人、自然、技术的主题中，最强烈的建筑表现是欧洲追求“皮与骨”（Skeleton and Skin）生态结构的新潮。欧洲“皮与骨”生态建筑新潮的基本观念是把建筑视为有机的生物体，骨骼是建筑内部的支持结构，表皮是建筑外面的包裹层，生态建筑的皮与骨等同于有机生物体内在的和谐与统一的关系。因此，生态建筑观是技术与功能的统一，高生态即高科技（High-Bio is High-Tec）。

展览会场主题标志是一群巨大的伞状结构，40m×40m 的大伞由一根支柱支撑，造型优美，技术高超，外观包装着精美摩登的原木装修，耸立在水边。它的形象和内涵充分表现了人文、自然和技术这一主题，这是个大胆又具想象力的作品。10 个巨大的 20m 高赫米斯大伞（Hermes Umbrellas）覆盖着 16000m^2 展场面积，成为德国工业界的露天展场，由组合木、钢和膜结构顶构成，成为新结构技术与材料的标志，图 5－3a。

德国展厅的巨大空间由钢结构的骨架支撑，结构的功能造型构成优美的自然曲线，覆以全玻璃的外表皮、通透、和谐而统一，表现了生态建筑皮与骨的协调作用。

汉诺威展场上的第 26 号展厅是综合性大展厅，也是德国新结构技术的表现，面积 25400m^2，70m 跨度的巨大钢拉索结构，配有主动式和被动式太阳能装置，图 5－3b。

生态建筑设计不再需要区分“老式”或“新式”的建筑材料，木头、石头和土坯，或如钢铁、玻璃和塑料。也不再需要关注过去传统设计的二度或三度的空间，甚至连它的荷载计算也不

图 5－3a “赫米斯大伞”

那么重要了。建筑师关注的焦点在于生态建筑皮与骨之间内在的和谐性能，建筑与结构有机的综合表现力，是对生态建筑评价的惟一标准。

日本展厅内部是用废纸制作的空心纸筒网格组成的拱形大空间，外部覆以白色的膜面表层。由日本建筑师大板冒（Shigeru Ban）设计，是“零废料”（Zero Waste）生态设计概念的体现。这座迷人的建筑空间的支撑骨架是用废纸制作的纸筒网格壳，当博览会结束之后，这些材料仍可回收再利用。世博会仅展出半年，场馆建设是巨大的浪费，因此根据可持续发展的主题，日本馆采用回收再利用的纸材是最符合人—自然—技术的主题思想的。纸筒网壳和木薄板拱的组合看上去就像是编织的花篮。承重的基础用钢构架填充材料，以使不可回收的混凝土减至最少。主厅的废纸、膜面屋顶材料的防水、防火是经特殊处理的，为了强

德国展厅

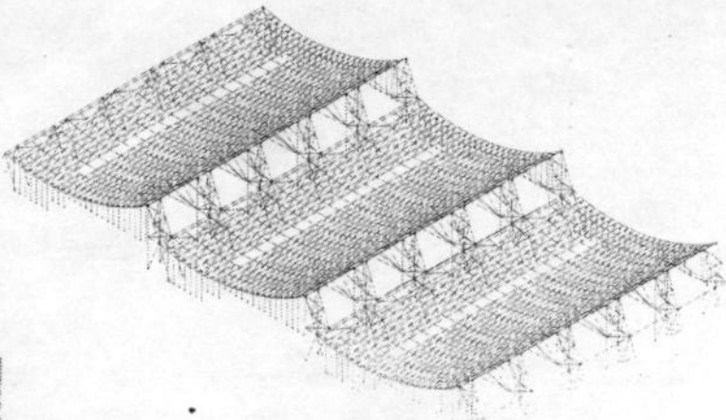

26 号综合展厅的钢结构技术

图 5－3b　德国展厅优美的曲线外景

化防火和防止意外，使用透光的 PVC 膜顶，天然光可直达室内。展厅面积 3090m^2，图 5－3c、d。

生态建筑的外表包裹着内部的有机生命骨架，表皮也构成有机生命的一部分，并保护着内部抵抗外界环境对内的各种作用力。外表面也决定着生物体的各自不同的属性特征，表皮是一种能够感知和有交流功能的外层表面，不同的信息感应来自有机体的外部环境，而传达于内部。建筑的外表面也应像有机体那样成为有感知的设计。

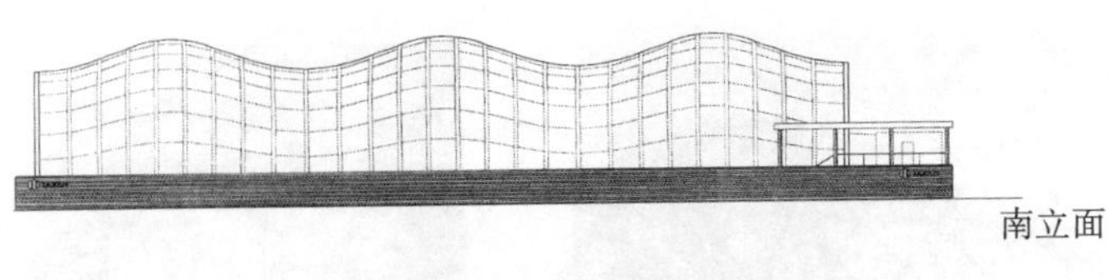

南立面

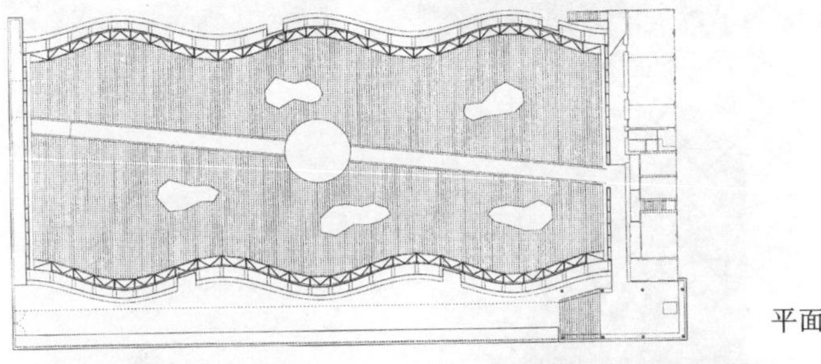

平面

外景

图 5－3c　日本展厅外景

韩国展厅的外表面，四面全是彩色的遮阳装置，横向的板片包裹着内部的新型骨架，也像是出自皮与骨的设计理念。这些整体的遮阳片表皮是建筑感应外界环境、气候的装置。

韩国的传统非常注重建筑与环境的融合，现今随着韩国经济的快速发展，人们对建筑的怀旧情绪远比我们想象的要大。设计创造了一种展示空间、材料、结构、形式、构成与观览者之间的环境交融，展品随着时尚布置融入展厅空间，图 5－3e。

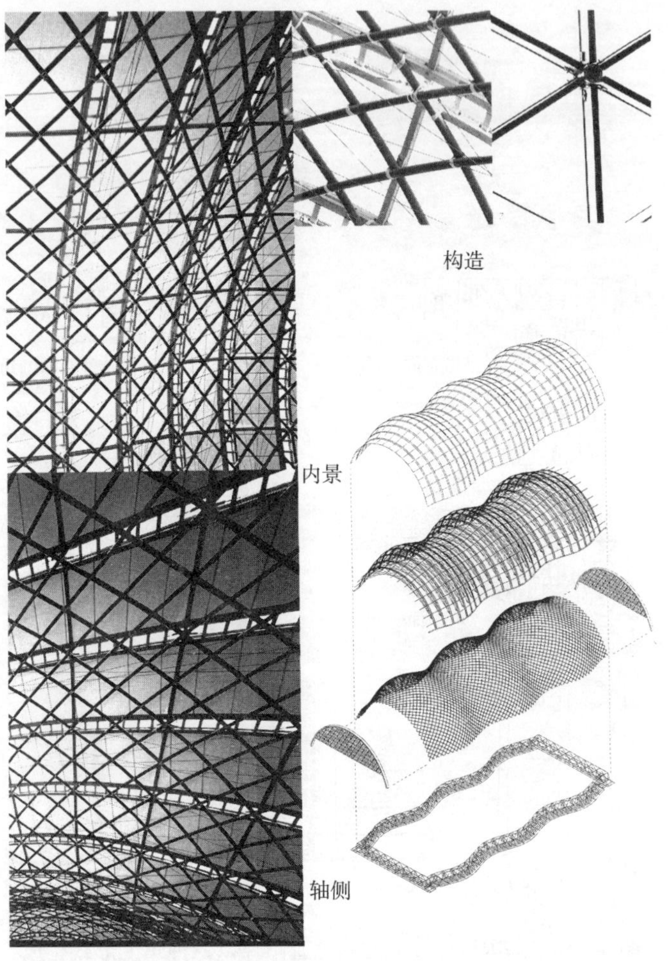

图 5－3d　日本展厅“零废料”（Zero Waste）的纸筒结构

荷兰展厅是个独出心裁的作品，由简单的结构骨架支撑的方形平顶立方体，有室外的大楼梯。在支撑结构的层间，布满了绿色的树木，园林与建筑交融为一体。展示新纪元的生态环境技术，也令人联想到像是古代传说的巴比伦空中花园的再现。荷兰是人口密集的国家，有民主的传统和很高的消费标准，荷兰人在

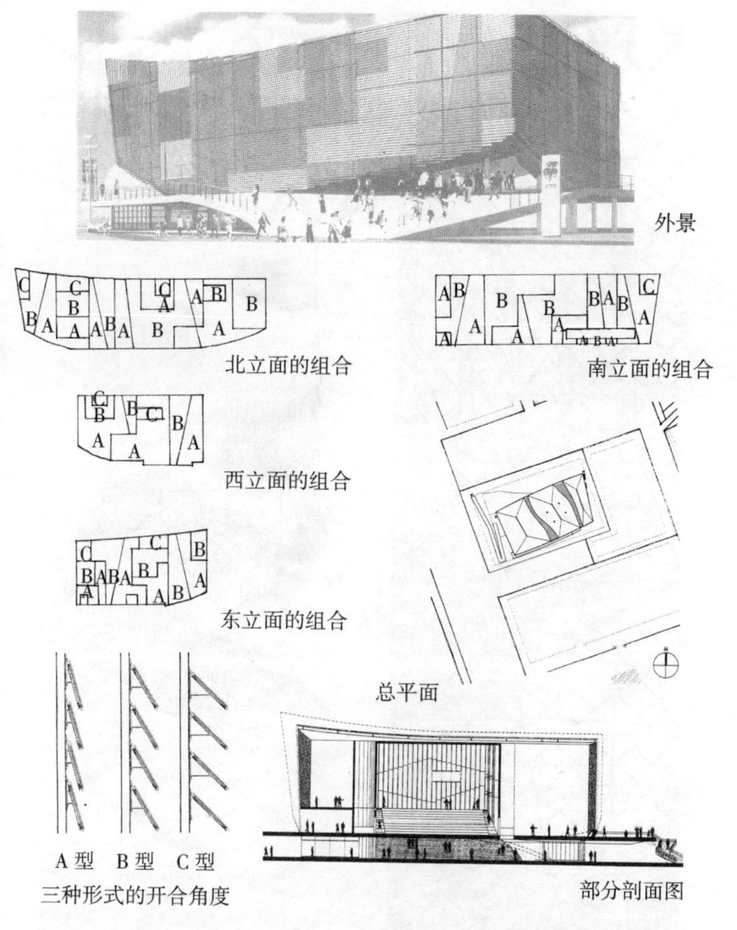

图5－3e 韩国展厅外表的彩色遮阳片以三种角度形式构成

大海中造地，最懂得怎样适应环境的生存方式，也许未来不再填海造地，而是发展垂直的空间，能既增加人口密度，又提高生活质量。提供怎样的条件来应对人口密度的增长？在大量增长人口密度条件下，大自然将充当怎样的角色？这个作品在这些全球性的问题中具有隐喻的意义。进入荷兰展厅表现的主题是技术与自然的结合，着重于人工化塑造自然的可行性，技术与自然不需要

互相排斥，它们彼此之间可以完善的增补，图 5 - 3f。

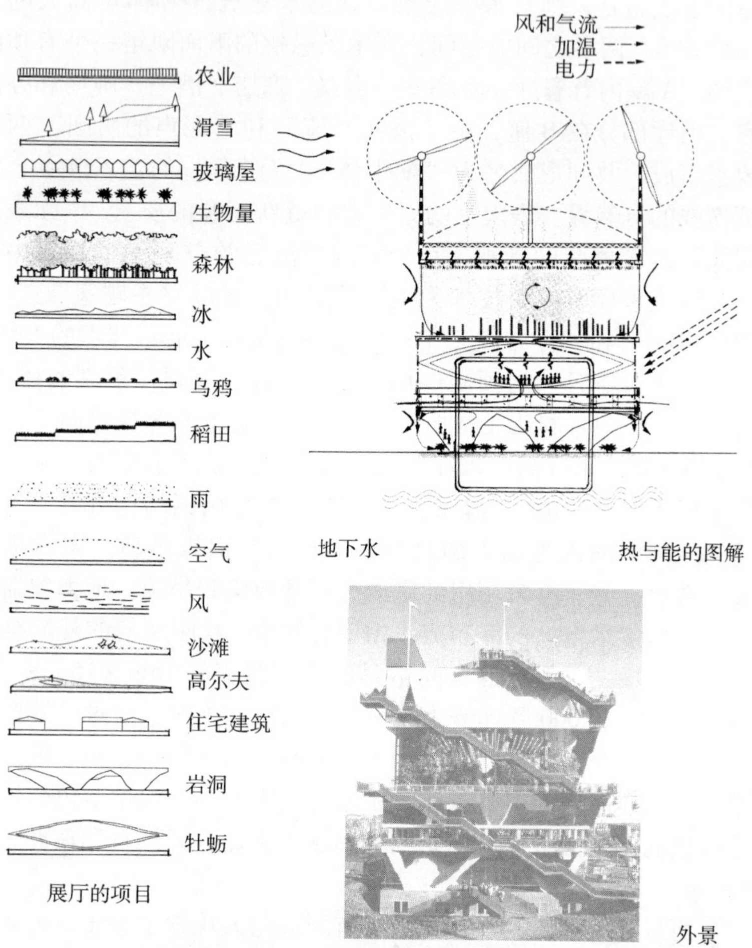

图 5 - 3f　荷兰展厅

挪威展厅包括两栋建筑，A 座为木结构，B 座为全铝结构，两座建筑的结构各不相同。但在建筑构图上展现各异的建筑原型要素，如体量、表面质感及细部装修等方面具有挪威的风格特

征。其造型简洁、小巧、坚固、新潮和高品质。建筑以对比而落位的手法布置，细长水平线条板状的木建筑 A 和体量高大的金属建筑 B，两者之间的空间，在木条悬挑的下面限定一个有顶的广场。A 座内有餐厅、贵宾室、会议、商店、酒吧、邮局和办公室。展厅部分在 B 座，由“瀑布水流”和“无声的房间”两个要素组成，共同形成名为“聚生体”、“瀑布”的艺术装置，象征挪威的自然界。表现水的原生力和更新能源的质量。“无声的房间”表现挪威的景观，是个安静与沉思的空间。在 B 座中有一个以表现环境应用技术为主题的房间，通过“主题室”、“无声的房间”和“瀑布”三个段落之间的交融，展示技术的人性。

A 座为临时性的预制件构成，梁、柱、框架，预制的楼板，墙和屋顶，以木材为主体要素。B 座用预制的木薄板保温墙，每块板 3m 宽，16m 高。板在挪威组合好，用船运至德国，屋面是用薄板木梁预制的，“瀑布流水”部分单独用钢结构分开。A 座公共空间中的内外墙表面是装饰木板材，铝板吊顶。实木板地面，颜色上光。办公用房的室内为石膏板墙和吊顶，地面覆盖着漆布，挪威水电站的瀑布流水由铝材制成。B 座建筑的外墙全部为铝材包面。“无声的房间”是由铝板覆盖的 15m × 15m × 15m 的立方体。有 600 片印有大自然抽象图案的主题，通过计算机把挪威自然景观的幻灯片表现出来，同时伴以微弱的合声，使公众融入艺术作品之内。在主题室中所有的表面均为深钴蓝色，地面是暗色混凝土。室外立面则贴方形混凝土瓦，天然石和玻璃，图 5 – 3g。

西班牙展厅，第一印象像个有裂缝的大块软木塞子，外表封闭而内向，外部的非几何形的造型与内部空间形成对比。首层可由三面进入大厅，参观者由低的过梁进入宽阔的天光空间。天然光和良好的声响效果对比喧闹的外部展场，创造一个优越的气氛。这个空间不期望惊人的效果，只求给参观者留下记忆。出入口广场提供了多样性活动的空间，是观众到上层参观展览的等待处。在上层览层通过天光会给参观者留下对建筑的深刻的印象。

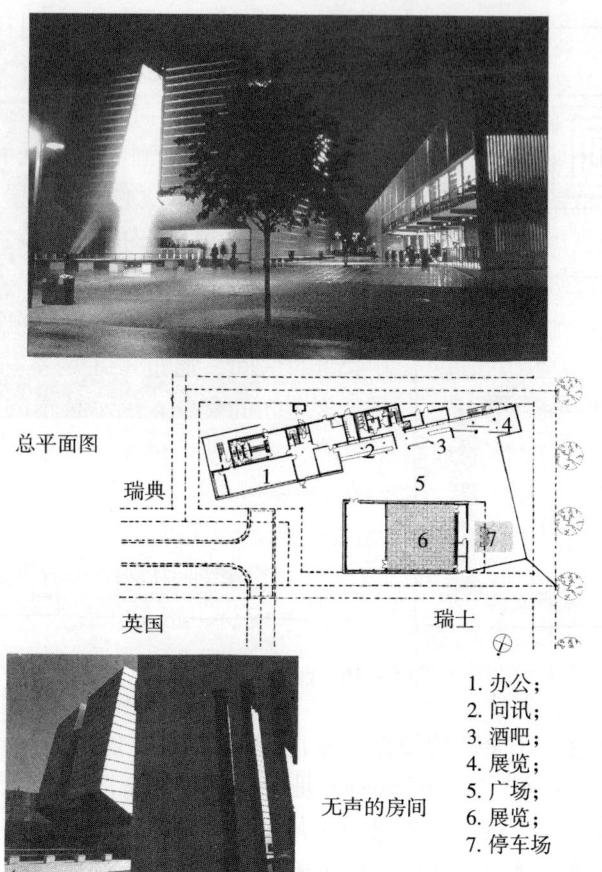

图 5－3g　挪威展厅

在使用材料和构造方法方面体现建筑对环境的尊重，当展览结束以后，建筑可以方便地重建或迁移，不留下不可回收再利用的废料，这是从这次博展会的主题中自发选择的设计原则，图 5－3h。

冰岛展厅，是个深蓝色的立方体，全部以流水罩面，水幕覆盖着建筑的外表面，展厅处于大自然的水体之中。水有良好的气候效应，自然会调节内部的环境温度。进入这座奇异的水体建筑之中，室内是黑暗的，每 6 分钟有一次摄影图景表现在大厅之

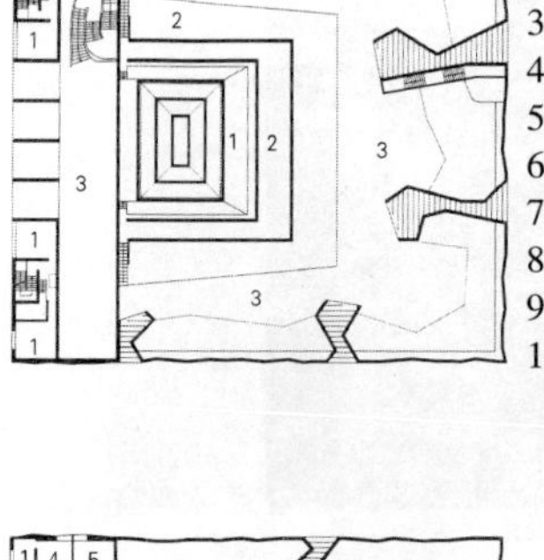

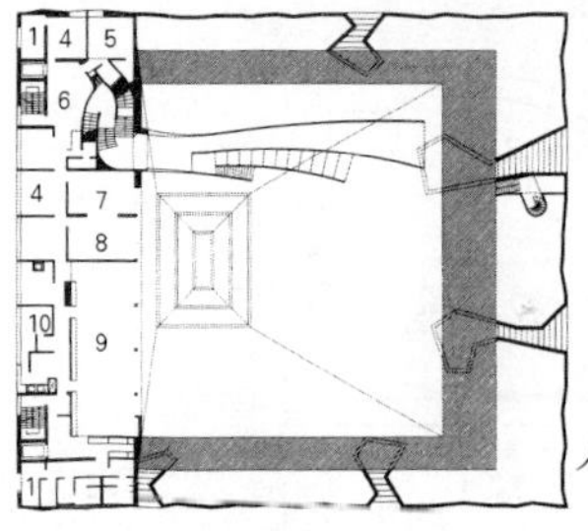

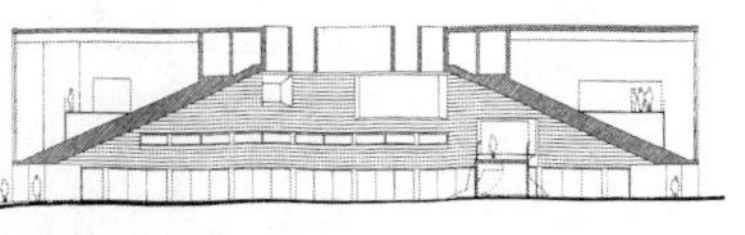

图 5－3h　西班牙展厅

中，如同进入了全新的幻觉世界，图 5－3i、1）。

“循环大碗”（Cycle Bowl）是展场中的一座标志性建筑，像是一个玻璃的大碗。表面材料是用曲面的透明印花塑料制成的，精致、通透、优美，如同一件精美的玻璃料器装点在展览会场之中，图 5－3i、2）。

另一座展场中的标志性建筑叫作“柏特尔斯曼行星 M”（“Bertelsmanm 行星 M”），是一个扁圆形悬空的金属结构，好像吊挂在半空之中，轻金属镶白色的表面是活动的隔片，晚间还能透射出彩色的光芒。内部表演的舞台可以沿着 4 根支撑球体的立柱升降，图 5－3i、3）。

生态建筑也是绿色建筑，罗马尼亚展厅完全被包裹在由绿色攀藤植物枝叶编织的建筑表面，就是一座绿色的植物大棚。生态的草本建筑确切地反映内部展示的，保护大自然生态环境的主题

1）冰岛展厅

2）“循环大碗”

3）柏特尔斯曼（Bertelsmann）行星 M

5）瑞士展厅

4）绿草、大地和人鸟

6）波兰展厅

图 5 - 3i

内容，一看就是个绿色建筑。展览会场地的绿化园艺布局也是表现人与自然和谐的主题，场地中辟出了林荫大道，还有进化公园、波动公园、地球花园等等。在地球花园中设置了一个用绿草塑造的巨大的人身鸟头形体，表现绿色地球上的生命主题。

采用胶合木大跨空间结构，用露明本色的原木作外装修也是当今欧洲生态建筑的新潮。木材和竹材都是生态产品，可以恢复到大自然中去。速生树木的开发与栽植可循环再生，有利于树木自然生态的演进。瑞士展厅是个全木的结构，外观是用木头作的水平与垂直组合的木装修，没有传统形式的门窗和屋顶，木头的格在绿树丛中达到了建筑与自然的和谐，图 5－3i、5)。

波兰展厅外部的柱子还特意包裹上粗大的黄色的木装修，展厅内部包含着一个本色原木制作的古色古香的传统民居和庭院。庭院的地面是玻璃的，玻璃下面有水生植物，人走在上面都小心翼翼，图 5－3i、4)、5)、6)。

匈牙利展厅是一座富于想象力的作品，两个曲线形平面的展室合成中间的公共庭院，由两片张开的原木板片组合而成，像一个裂开的木头大碗，上面挂着帆布顶棚。具有古罗马“Vela”（露天剧场的帐篷顶）的形式，弯曲平面的两条展室围绕着中间的庭院空间。天然的原木材料、奇异的造型、帆布篷罩下的光影的空间组合，给人留下深刻的印象，图 5－3j、1)。

法国展厅，一眼就看出它以“人”为主题，在展厅的外表面，设计师取用的是 1888 年摄影师朱里斯玛瑞（Etienue Jules Marey）的一系列老照片。其中“奔跑着的男人”，描写一长排连续跑步动作的裸体男人的大照片作为展览会的立面装饰，展览内容是“传送、机动、运动”。另一处外观的细部是法国的一些经典建筑图像，用蓝白红三色斑点组成的画面。第 14 号综合大厅内的奥地利展厅在大厅外面设计了精彩的外观，采用数字印刷技术，用渐变的退晕渲染式的颜色，虽然只是灰黑单色，在色彩鲜艳的展场中却令人耳目一新。

加拿大展厅利用原有的 20 号大厅，设计了精彩夺目的外观，

利用象征国家的枫叶图案制成特大的数字印刷品。展厅内的参观者处于 500 部藏在楼板背面的电视显示器之中，地板下有水花飞溅的图像，有穿梭的游鱼，空间中也同时给出大尺度的图像，图 5－3j、1）、2）。

1）匈牙利展厅

2）奥地利展厅

3）加拿大展厅

4）T 字屋

5）地球屋

6）丹麦展厅

图 5－3j

高科技手段的应用也是一大特色，T—数字屋（T-Digit）是展场上的一座标志性建筑。歪斜的玻璃盒子内藏着一面巨型显示器。2 号展厅的戴姆乐——克莱斯勒实验机可以实现人与机器对话。大尺度的数字印刷技术用在阿根廷展厅的立柱上，呈桶形的发光图像。澳大利亚展厅中的奥林匹克图景的巨大带形画面，由地板直达天花板。展览广场上的地球屋是 PVC 膜顶结构，内部放映生动的有关促进生态环境的节目。

丹麦展厅由建筑师彼得拜斯特（Peter Bysted）设计，构思强调生态和经济高于技术表现。有三个主题建筑“水”、“风”和“食物”，围绕着金字塔形的中心展厅布置。“风”、“水”、“食物”以及金字塔都象征着人、自然与生态，三座各有特色的展厅结构都以玻璃覆盖，中央较大的展厅是木头的。展厅内部设有强调电器技术和媒体的运用，而以朴素的人类和环境的关系为主旨。3000m^2 的展场中还配合有丹麦著名艺术家的雕塑作品。

2000 年世界博览会迎来了新纪元生态建筑新潮对建筑师的挑战，图 5 – 3j、4）、5）、6）。

4. 阿拉斯加极地生态城市设想

Ideal of Eco-City of Alaska

4.1 巨大顶棚下的生态城市

Eco-City Under the Roof

美国的阿拉斯加的安特拉奇是在北极寒冷地区巨大顶棚下的生态城市设计，是一项由德、日建筑家合作完成的人工气候环境下的生态城市的未来设想。由于巨大空间结构技术的发展，在严酷的气候条件下，人工环境的城市成为可能，也是未来人类开发宇宙移民星球的预示。此项研究由德国和日本的生态结构专家联合组成的课题研究项目于 1971 年完成，图 5 – 4a。

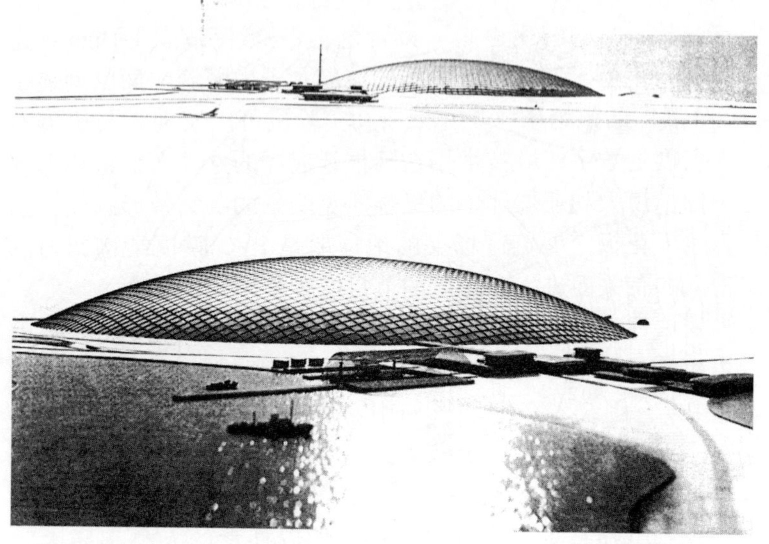

图 5 - 4a　阿拉斯加极地巨大顶棚下的生态城市

4.2　生态城市内的交通体系

Communication and Traffic Access of the City

巨大圆顶下的生态城市由一定规模的人口构成，包括了城市功能应有尽有的各项职能设施，如港口、机场、电站、快速交通、仓库、燃料、空气交换系统和各种生活服务设施，特别是规划设计中的人工温水不冻港锚地。交通系统内部六角形的环路使内部连系非常方便，4 个出口通达圆顶外的环路和机场，活动人行道构成城市活动集中的主轴，图 5 - 4b。

4.3　顶棚下的城市格局

City Under the Roof

巨大顶棚下的生态城市直径 2km，正圆形平面，顶点最高处 240m，顶棚的弧面半径曲线 2200m，端角处由膨胀气球支撑。城市布局以景观公园、水池、动物园及植物园为中心。快速地自

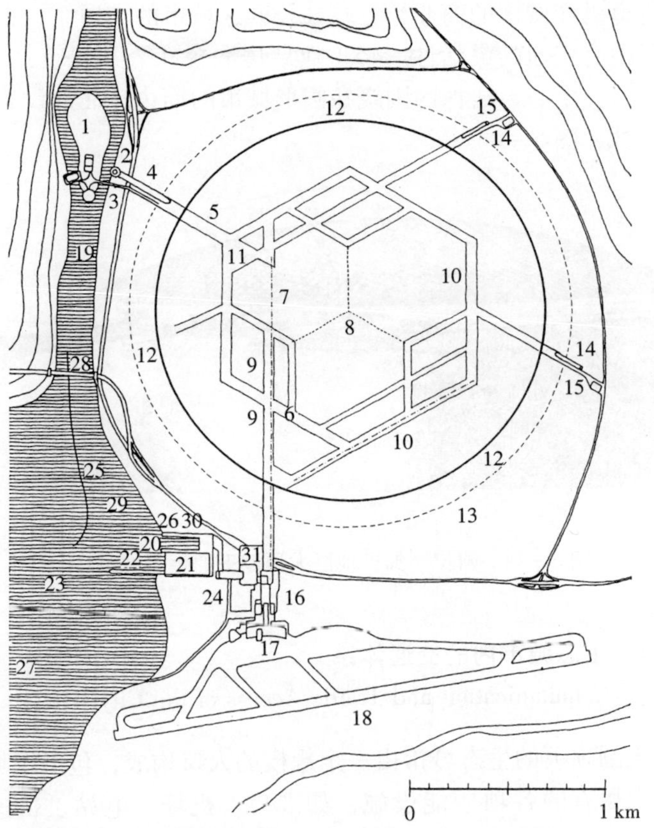

1.自动电站　2.空气循环塔　3.餐厅塔楼　4.主体风机
5.换气系统　6.封闭的供应和交通系统　7.活动人行道
8.吊舱升降机　9.商务区　10.居住区　11.城市中心
12.贮雪环　13.雪栅栏　14.吸力系统和辅助压风扇
15.空气锁站和补给站　16.外部交通终端站　17.气流终端站
18.飞机跑道　19.河流　20.港口　21.封盖的港湾
22.敞开的港湾　23.安克拉奇(美国阿拉斯加海港)
24.旅客站　25.温水港锚地　26.油库　27.水面
28.桥　29.温水不冻港　30.仓库　31.停车楼

图 5－4b　生态城市内的交通体系

动步行道贯穿城市的商业、行政办公区，城市的交通系统在城市的发展中有变通的灵活性。轻工业厂房混合在公共建筑群之中，学校、研究中心、居住区围绕在圆形城市的周边。北部设置了成片的森林，图5－4c。

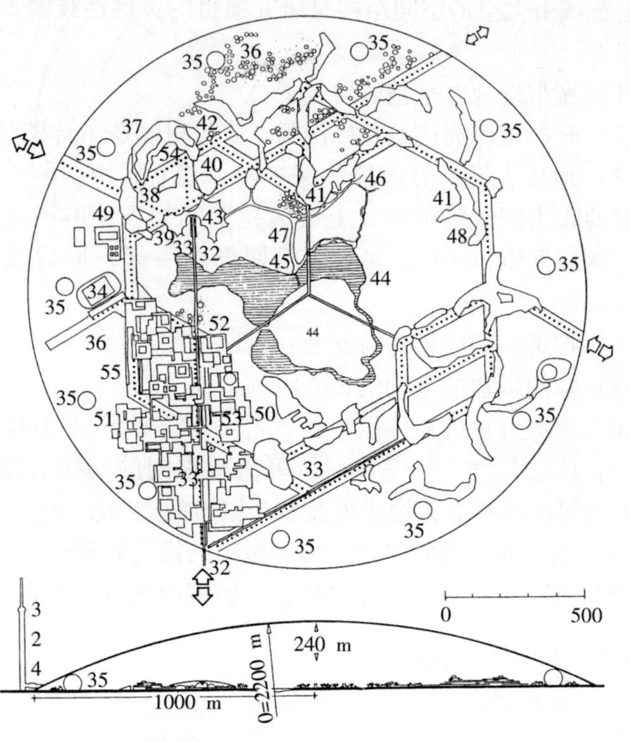

32.快速人行道　33.停车楼　44.景观公园　45.水池
34.运动场　35.使顶棚膨胀的气球　46.植物园和动物园　47.步行小径
36.森林　37.旅馆　48.艺幼儿园　49.学校
38.餐馆　39.市政厅　50.研究院　51.计算机中心
40.旅游中心　41.公寓　52.行政楼　53.办公
42.教育中心　43.市政中心　54.商店　55.轻工业
56.水塔

图5－4c　圆顶下的生态城市布局

4.4 城市上空空间结构的建造程序

The Construction Process

生态城市上空的空间结构是研究项目的关键性技术，建造的程序如下：

（1）城市选址在平整的地段上；

（2）开挖正圆周边的基础沟槽，安置好膨胀气球的位置；

（3）地面上铺设好膜顶的保护网，建立网结构的骨架，安置拉索的张力网线的下层，上层的拉索网与下层的网线成直角布置，两层网索以10cm宽的网眼捆绑在一起，形成双层的单网结构；

（4）把透明的膜顶外表安装在索网上面；

（5）封闭周边的基础坑，并将气球充气；

（6）膨胀气球的充气以辅助载重大致需要50个小时；

（7）膨胀气球充气完成后，可消减中间的支撑气球，巨大的覆盖面层已经建立，构成覆盖整个城市的透明屋顶；

（8）完成通风塔的建设，构成城市的换气装置；

（9）第一步结构建设完成后，开始城市建设，图5－4d。

4.5 室内城市的阳光

Sunlight

在北极地区，阳光对生态城市至关重要，夏季的太阳辐射热格外珍贵，要求太阳普照大地，屋面结构只能有最小的遮挡，设计以小型马达驱动的遮光帆棚，随着太阳的照射情况而转动。在城市顶棚中还设计了强光的“人造太阳”，以电灯照明，使极地的冬天也有光照，并促进植物在覆盖下有光照得以生存。“人造太阳”悬挂在顶棚下面30m处，沿轨道运行，同时供应电流照明，图5－4e。

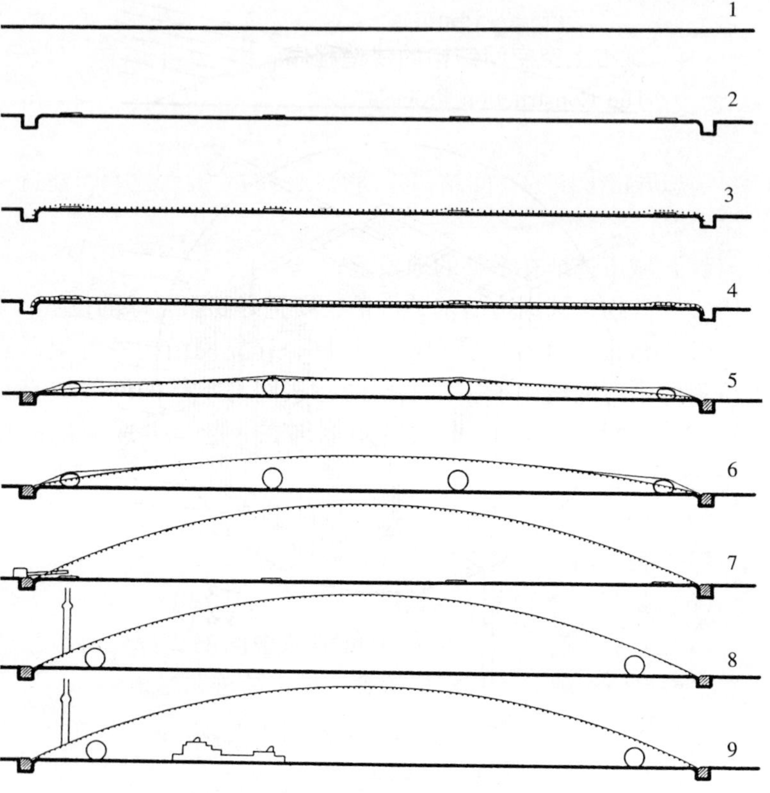

图 5 - 4d　空间结构的建造程序

4.6　气流的引入，废气和交通路径

Air Intake，Air Exhaust，Access Traffic

生态城内的每栋建筑在垂直向上的方向都可以获取高质量的极地新鲜空气，垂直的空气喷口沿着所有的步道系统设置。引入空气的装置系统设在二层楼的楼板上，首层的废气出口与沿街路径组合在一起，废气通过与进气相反和相邻的气流，可使进入的新鲜空气温暖，图 5 - 4f。

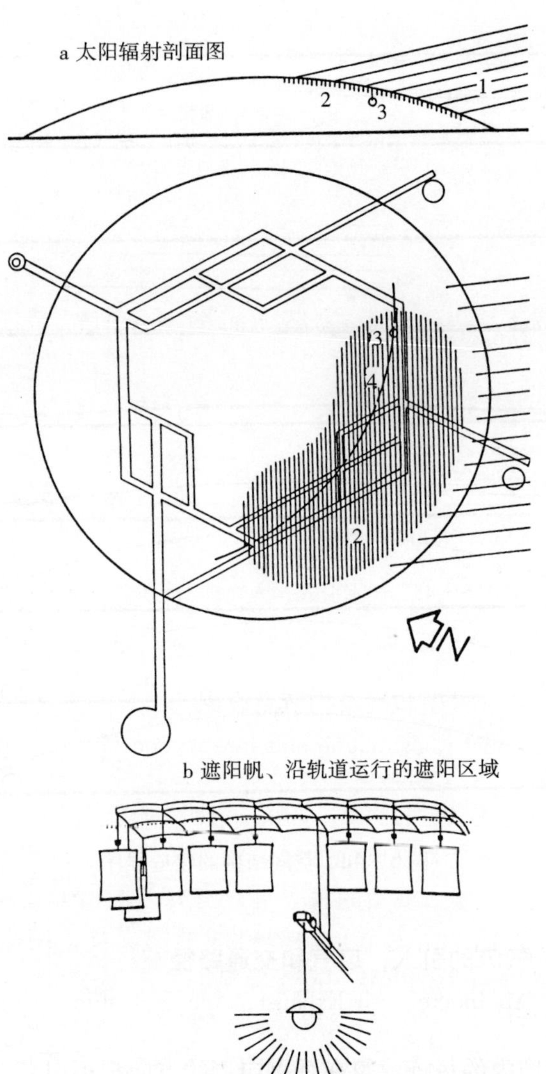

a 太阳辐射剖面图

b 遮阳帆、沿轨道运行的遮阳区域

c “人造太阳” 由电机带动运行

图 5－4e 阳光

1. 阳光；2. 遮阳帆；3. 人造太阳；4. 人造太阳运行轨道

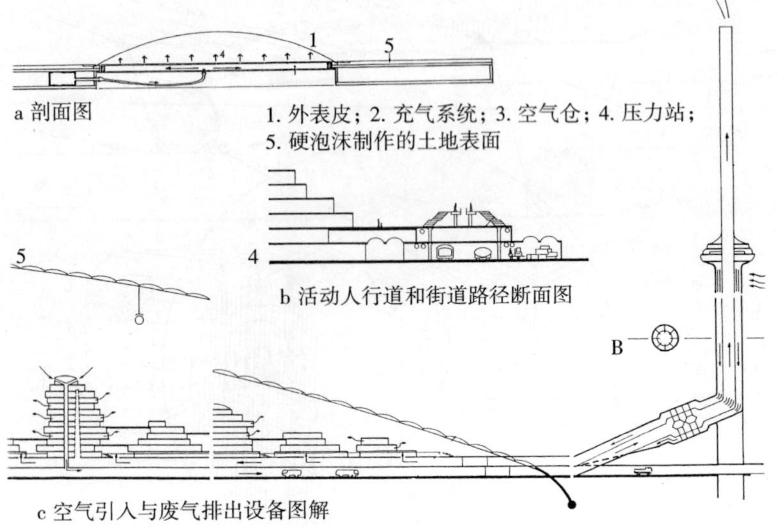

图 5 -4f　气流引入、废气排出的路径断面图

4.7　建设模型和网结构节点设想

Model Construction and Intersection Point of the Ropes

生态城市设想项目以 1∶2000 的比例制成模型。城市的模型直径为 1m，包括表现极地的环境景观，以胶合板制作的底板为 1.6m×2.2m。城市模型的顶盖可以打开，城市模型覆盖结构采用的 PVC 膜面，由无节点的塑料纤维网支撑，网眼交接处宽 15mm，用 1mm 厚的网状织品。模型的屋面表皮是同等空气压力按比例制作的，大约 25~35kg/m^2，安装了一个可调的吹风系统装置产生内部的压力。在城区割出两个圆孔，装置一个特殊的照像机（110°视角），可按自动程序拍摄城市模型的内景照片，从人行步道上的视角透视城市景观，拍摄由于小尺度模型，难于表现的城市真实的内景透视。

网绳结构网眼的构造作出了许多节点设计，图 5 -4g。

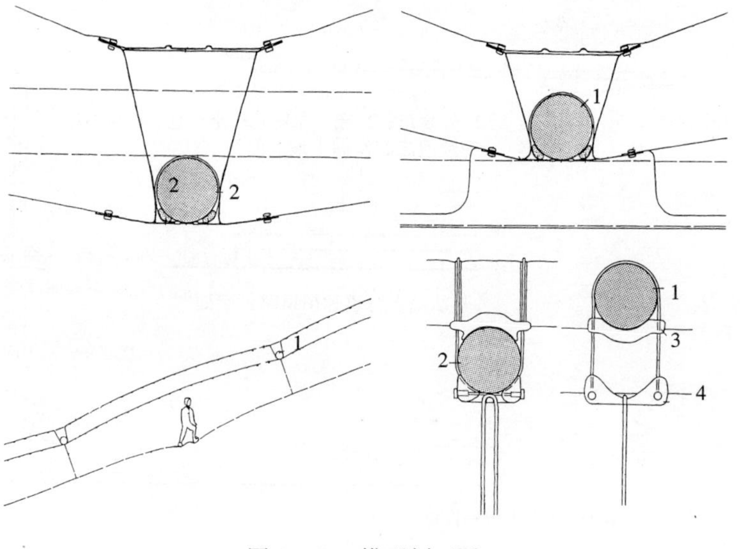

图 5－4g 模型剖面图

1. 2. 3. 绳结点的连接；4. 检修草图